U0292982

数字生形
DIGITAL GENERATE OF
URBAN FORM

车 飞　黄骁洋　陈 逾　编著

中国建筑工业出版社

前言

"媒体建造"是北京服装学院艺术设计学院新建的一个本科专业方向。它由本人于2017年创设，其中包括课程体系、培养方案以及一系列全新的课程。这个新的教学方向创设的初衷是当下的建筑设计教育必须对21世纪全新的数字社会及其生产方式作出回应，这不仅是当代教育对时代精神的体现，更是今天建筑设计教育处于危机中所作出的被动回应。这个危机不仅仅来自于当下的市场与就业的急迫状况，同时也有着更为深刻而紧迫的时代背景。

20世纪初期由德国包豪斯学校所推动的现代建筑与艺术设计教育所完成的历史重任就是成功地塑造了人与机器共生的生活方式及美学特征。而今天我们所面临的最大挑战不是房地产业的萎缩或计算机智能设计工具的崛起，而是如何使人与数字智能和谐共生，对于建筑与艺术设计教育来讲，就是如何创造人与数字智能共生的生活方式及美学。全新的数字生命正在超越机器复制时代的作为工具的机器人的陈旧观念，一种可以自我演化的新物种已经诞生。面对这个新的现实，建筑与艺术设计教育有必要对其自身重新审视，寻找那些被压在这座大厦下最无可撼动的基石，并在最初的几块基石上植入数字的基因与逻辑，以此重建整栋大厦。为此，传统的建筑营造的范畴被进一步拓展，概念、材料、物理运动甚至心理都成为数字的媒体，它既可以建造出生活方式也可以建造其自身。建造媒体的数字化同时催生了媒体建造的智能化。这本书及其后续的出版计划，记录了本人以及北京服装学院在过去的六年间，在传统的建筑与艺术设计领域所作出的种种尝试与努力。

这本书所展示的内容完全来自于本人在北京服装学院指导的2022年春季学期的"媒体建造设计4"的课程成果。该课程的助教是黄骁洋，她也是北京服装学院媒体建造专业毕业的首届本科生，同时也是北京服装学院城市与建筑设计方向的研究生。她同我一起完成了本书的资料整理与编辑工作。陈逾读本科时是这门课程的参与者，她主要负责本书后期的文字与数据校对以及图片修改。同时也非常感谢参加这门课程的2019级媒体建造班的全体16位同学为此书提供了丰富的成果，相信他们在这门课程中有所收获。同时也希望本书能对参数化设计感兴趣的读者有所启发。

"媒体建造设计4"是三年级第二学期最为重要的设计课之一。其内容是学习使用计算机算法编程进行城市街区的形态设计。该课程自2020年以来已经进行过三次，其主题分别是2020年的"故宫算法：生形看不见的城市"，2021年的"中轴线算法：生形乌托邦"以及2022年的"后海算法：生形城中村"。课程时间大约8~10周，整个课程除了理论讲述的部分，可以分为四个阶段：调研、算法、城市研究、方案生成。在调研阶段，会针对一个特定的算法主题开展分组调研，如"故宫""中轴线""后海"等，调研的重点是寻找与发现构成这些城市街区空间形态的结构性要素。在算法阶段学习的重点是如何将这些发现的要素进行类比和转译为参数，并制定相应的规则设计，从而形成各组特定主题的算法，如"朝向算法""围合算法""视线算法"等。学生在前两个阶段完成街区形态的基本规则的设计，而后两个阶段则更多地关注的是该课题的设计任务。在城市研究阶段，通常会针对此次课题的特殊的资源开展学习，制定较为明确的任务书。这一阶段首先从理解"城市性"开始，如"看不见的城市""乌托邦""城中村"，然后要求学生按照自己的研究兴趣提出城市设计主题以及任务书。为了使任务书更加明确，学生需要寻找现实中类似的城市案例进行调研，包括：尺度、人口预测、街区形态、经济结构、城市管理、气候类型等。在方案生成的阶段，则根据任务书和相关的城市调研提出初始设计，然后运用此前的特定算法生形城市设计并完成最后的出图工作。

这门课所希望带来的是一个完整的城市街区的设计过程，它不仅仅是对参数化算法设计的学习，同时也包括对社会现实与文化历史的重要价值的认同与学习。这门课程隐含了一个雄心，就是将人文主义带入计算机算法的世界中来，为21世纪的人文数字主义作出准备。

车飞

2023年11月

目录

课程简介

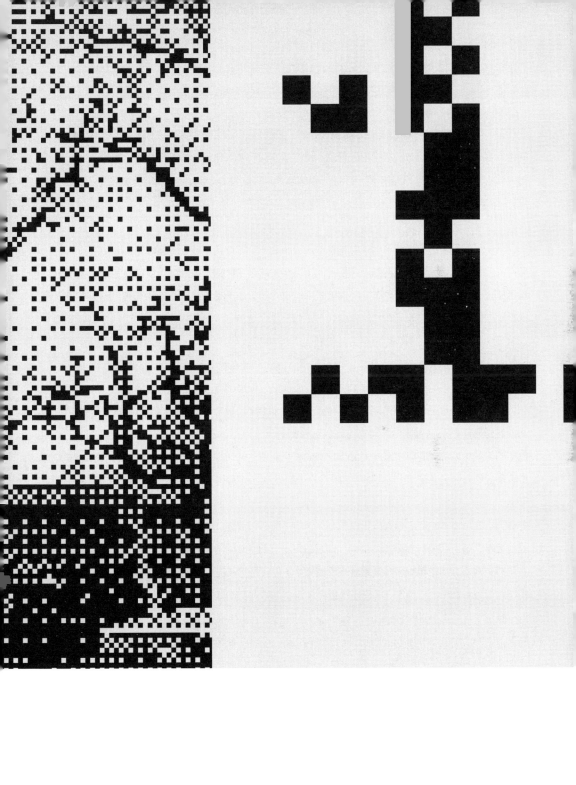

1.1 教学目标

本门课程作为本科三年级第二学期的重要设计课，其教学目标主要包括两个方面：第一，基于城市结构元素的参数化设计方法的学习；第二，基于数字生形的城市设计方法的学习。同时，这门课的过程也分成了前后两个部分，第一个部分是城市空间的参数化设计；第二个部分是数字生形城市设计。

如何认识、理解与分析不断演变且纷繁多样的城市空间形态是第一部分课程中的第一阶段。城市空间的结构元素研究是课程的起点。任何一个特定的城市空间的形态演变，包括其结构的部分与资源的部分。资源的部分就形态学而言就是那些支撑了形态出现的结构性空间元素。结构的部分则是那些控制或促发形态结构性演变的规则逻辑。作为城市空间参数化设计的方法，并非基于某一公理化的数学算法，如针对特定的对象进行抽象的优化，而是针对一个具体的场地实施其量身定制式的测量以获得特定的参数。因此一个具体的对象是参数化设计必需的前提。而城市空间的结构元素则是场地研究的基础。本次课程的城市空间形态的参数化研究的场地是北京的后海地区。这里不仅有着悠久的历史，同时也有着非同寻常的城市形态。同样作为商业与居住的混合空间，这里还有北京老城区中难得的城市湖面空间。因此这里的街巷不是北京老城区中常见的棋盘式的，而是沿着湖面自然延续，但在一个或数个街坊之外，则又会转变为棋盘式的街区。在这里，商业建筑、公共建筑①与居住建筑混杂在一起呈现出一片有机丛生的状态。但是这样复杂的形态却又基于一些非常基本的空间演化规则并建立在一些基本的空间形态元素之上。在后海，这些最为重要且基本的空间元素被我设定为：大门、围墙、房屋、院落、水体与开放空间、公共建筑与道路、临街商铺与道路转角空间、多层建筑。而将这8类元素组织在一起构成的丰富多彩的后海的空间形态的逻辑规则同样被我设定为8种，分别是：朝向、视线、街坊、围合、开间、间距、入口、中轴线。前者是空间形态的组织元素，后者是组织规则。在本次课程中，同学们被分为8个小组，共同针对场地的空间元素进行图析研究（Mapping）。在此基础之上，每组同学针对8个组织规则中的一个展开研究。首先是要对规则给出一个具体的定义。之所以被称为具体的定义，是因为该定义的给出是基于后海这一特定场地的图析之上的，规则是作为一个形式概念被

---

① 公共建筑在本书中特指非居住或商业用途的建筑类型且产权属于公有，如：学校、医院、博物馆等文化事业单位、政府机构、市政建筑等。

给出的而非一个公理性的普遍概念。它的目标是找到一个后海场地空间形态中的针对特定形态元素的演化的基本规则。因为最为复杂的形态也是基于不可简化的基本规则的演化之上的。因此，每个小组将针对特定的规则与对应的几个元素展开参数化研究。在元素演化中寻找规则的过程，包括了从类比到参数化的过程。也就是将场地空间形态的信息数字化、建立数据逻辑、编程为计算机语言的三个步骤。当这三个步骤完成后也就标志着课程的第一部分——基于某一特定规则的参数化的完成。在中期汇报之后，同学们将围绕课程的第二部分展开学习。

本次课程的第二部分，每个小组将使用前阶段完成的特定的后海参数化规则结合一个现实的城中村进行数字算法生形的城市设计。每个小组首先需要寻找并提出一个与后海地区尺度近似的城中村案例。田野调查将成为这一阶段的重要工作方法。每个小组需要结合课程给定的标准任务书框架，制定自己详细的任务书。由于课程的教学目标是参数化设计方法的学习，因此对城中村的更新设计将不会考虑过多的复杂性因素，而是围绕空间形态的数字生形展开工作，甚至使用北京后海的参数化算法生形不同城市的城中村背后的合理性，也不在教学的考虑之内。任务书的制定尤为关键，同学们需要认真学习城市形态演化的动力来源。在本门课程中，这一动力学的基础将以社会空间性演变为核心。因此，空间边界、现状条件、人口状况，经济增长、业态发展等都将成为该城中村空间形态未来演变的重要参数，这些参数也将为后海参数化数字生形提供重要的变量。在获得任务书之后，每个小组将使用不同的遗传算法，结合此前各组的特定的后海参数化规则形成针对各自城中村的算法程序。这也标志着第二部分的第一阶段的完成，随之开始的则是课程最后的数字生形的阶段。在这一阶段，每个小组首先需要在城中村的边界范围内设计初始的条件，并在计算机中运行遗传算法与之前的参数化相结合。每组同学可以根据自己擅长的软件平台运行迭代演化，如：GH，Processing等。在这一过程中，不同的初始条件的设计将会带来完全不同的形态结果，这一过程被称之为形态的涌现。结果是未知的，但是过程与规则是可控的。一个基于后海的空间形态生长规则的城市新区在城中村中生长出来。同学们需要在多个不同的方案中选择一个最终的方案，然后结合后海的建筑与当地的条件，设计不同类型的建筑的基本原型，并将这些原型带入此前的涌现模型中，通过特定的算法以获得最终的建筑形态，最后完成方案的图纸表达。整个课程的达成度以数字模型（Modeling）的方法论为核心，超越传统的粗放式的类型学方法，学习并掌握先进的参数化算法生形的城市设计方法。

后海图析研究

1.2 案例研究：后海

将后海地区理解为一个城市系统，其中包括：多种空间元素，以及这些元素如何组织在一起的空间结构逻辑。

通过案例研究寻找算法的意义。特别是后海的城市设计算法逻辑，然后运用这个"后海算法"适应不同的场地，生成新的城市设计的形态。算法本身是参数且其程序并无意义，与其在算法生形后附会上某种象征意义，不如通过优秀实例的实证采样获得如柱式一样的算法原型。

1.3 构成后海地区的城市空间形态的结构性元素

大门；　　　　水面与开放空间；

围墙；　　　　公共建筑与道路；

房屋；　　　　临街商铺与街道转角空间；

院落；　　　　多层建筑。

1.4 城市空间组织的结构逻辑

朝向；　　　　开间；

视线；　　　　间距；

街坊；　　　　入口；

围合；　　　　中轴线。

1.5 类比、参数化、算法、生形

步骤一
调研成果汇报，常规性的场地对调研内容进行图析研究。

步骤二
发现其中的空间元素与空间形态组织结构逻辑的关系。

步骤三
从某一个结构逻辑入手，建立参数化类比关系，并陈述该组织结构逻辑与不同空间元素的关系。

类比
要求将空间组织的结构逻辑转化为数字，也就是用"数字"转译或类比结构逻辑。

参数化
当空间组织的结构逻辑类比为比例或模数的数值、比率、函数等时，这些元素作为一个系统是如何以类比的数呈现或表达的，就是参数化。

算法
将案例研究中形成的空间组织的结构逻辑在计算机编程中转化为计算机语言，并将变量与不变量区别开来，形成专属后海的编程语言。

生形
以此前具体算法为原型，使用元胞自动机（CA）①等遗传算法，通过迭代法生形城市设计。

---

① 元胞自动机（Cellular Automata，CA）是离散的时间、空间和状态模型，用于模拟复杂系统的动态行为。约翰·康威的生命游戏（Game of Life）是CA的一个著名案例，遵循的便是（3，2，3）规则，即：

a.如果一个元胞周围有3个元胞为生，则该元胞为生，即该元胞若原先为死，则转为生；

b.如果一个元胞周围有2个元胞为生，则该细胞的生死状态保持不变；

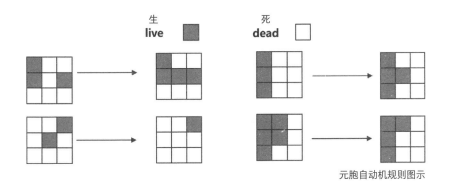

元胞自动机规则图示

c.在其他情况下，该元胞若原先为生，则转为死，若原先为死，则保持不变。

由此为例，可以通过调整元胞规则并进行迭代更新，每一回合，都会根据当前回合每个细胞及其邻居的状态，计算出下一回合的元胞状态，并更新数组，这样不断迭代，就能观察到元胞群体的动态演化过程。这展示了元胞自动机在模拟复杂系统动态行为方面的强大能力。通过简单的规则，可以产生出多种复杂且有趣的图案和行为。

1.6　任务书

田野调查的任务书要求

1.6.1　明确现有人口数量（常住、流动）与总的用地面积及红线范围。

1.6.2　结合当地上位规划，以及过去5-10年的人口增长率（常住、流动），对未来5-10年进行人口预测（常住、流动）。

1.6.3　明确常住人口的回迁比例及户数，以及未来5-10年提供给新住户的住宅户数。

1.6.4　建筑需求类型：居住、商业、公共建筑等。

1.6.5　明确红线内的保留空间作为设计的初始条件，如：水面、历史文保建筑、广场、绿地、老街、具有历史记忆的物质空间遗存等。

1.6.6　明确红线周边的主要机动车道路的连接点。

1.6.7　分析原城中村现状公共建筑的功能与面积尺度，并在新的设计中按功能与尺度重新规划设计。

1.6.8　结合后海的人口比例与建筑尺度，按比例确定城中村任务书的建筑规模、层数与面积。

1.6.9　明确城中村更新设计的经济技术指标：

总占地面积；　　　　　商业面积；　　　　　建筑层数；
总建筑面积；　　　　　公共建筑面积；　　　绿地率；
回迁面积；　　　　　　容积率；　　　　　　建筑高度。
住宅面积；　　　　　　建筑密度；

朝向／算法生形高庙村

2.1 类比与参数化

2.1.1 朝向的定义

中国汉语中的朝向，一般是指建筑物的正门或房间的窗户正对着的方向。

房屋和院落朝向

2.1.2 后海朝向判定

1. 利用道路辅助判定建筑的朝向

首先将道路分为一级道路、二级道路、三级道路。道路把后海区域分成了七个地块，将建筑与道路分为垂直与不垂直的两类关系。具体如下：

1）垂直关系：建筑朝向与道路成90°（误差范围±5°）；

2）不垂直关系：建筑朝向与道路大于或小于90°（误差范围±5°）。

扫码读图

住宅（a）

临街商铺（a）

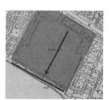

公共建筑（a）
垂直关系

住宅（b）

临街商铺（b）

公共建筑（b）
不垂直关系

2. 建筑与道路的三个类别关系

1）类别一：垂直于道路
（1）住宅垂直于道路；
（2）商铺垂直于道路；
（3）公共建筑垂直于道路。

2）类别二：不垂直于道路
（1）住宅不垂直于道路；
（2）商铺不垂直于道路；
（3）公共建筑不垂直于道路。

3）类别三：类别一和类别二的围合区域
（1）住宅围合区域；
（2）商铺围合区域；
（3）公共建筑围合区域。

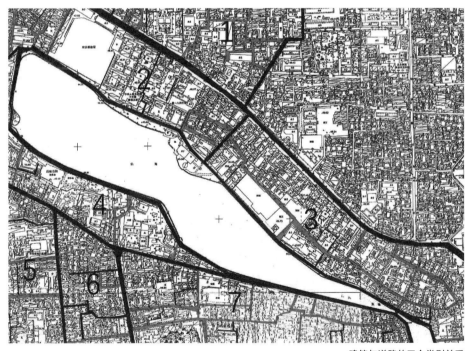

建筑与道路的三个类别关系

地块统计

后海地块统计表

地块	总面积/m²		类别	面积/m²	占比
1	80000	垂直	1.1住宅	46400	58%
			1.2临街店铺	2200	3%
			1.3公共建筑	0	0%
		不垂直	2.1住宅	5500	9%
			2.2商铺	792	1%
			2.3公共建筑	10800	14%
		围合	3.1住宅	12000	15%
			3.2商铺	0	0%
			3.3公共建筑	0	0%
2	111500	垂直	1.1住宅	46400	58%
			1.2临街店铺	2200	3%
			1.3公共建筑	0	0%
		不垂直	2.1住宅	5500	9%
			2.2商铺	792	1%
			2.3公共建筑	10800	14%
		围合	3.1住宅	12000	15%
			3.2商铺	0	0%
			3.3公共建筑	0	0%
3	143500	垂直	1.1住宅	63900	45%
			1.2临街商铺	19110	14%
			1.3公共建筑	14200	10%
		不垂直	2.1住宅	182	0%
			2.2商铺	246	0%
			2.3公共建筑	0	0%
		围合	3.1住宅	44550	31%
			3.2商铺	0	0%
			3.3公共建筑	0	0%
4	74000	垂直	1.1住宅	13629	18%
			1.2临街商铺	6471	9%
			1.3公共建筑	28401	38%
		不垂直	2.1住宅	3406	5%
			2.2商铺	4263	6%
			2.3公共建筑	0	0%
		围合	3.1住宅	17830	24%
			3.2商铺	0	0%
			3.3公共建筑	0	0%

续表

地块	总面积/m²		类别	面积/m²	占比
5	56000	垂直	1.1住宅	17334	31%
			1.2临街商铺	7369	13%
			1.3公共建筑	7307	13%
		不垂直	2.1住宅	631	1%
			2.2商铺	0	0%
			2.3公共建筑	0	0%
		围合	3.1住宅	19159	35%
			3.2商铺	3398	6%
			3.3公共建筑	802	1%
6	51100	垂直	1.1住宅	26692	52%
			1.2临街商铺	5070	10%
			1.3公共建筑	0	0%
		不垂直	2.1住宅	471	1%
			2.2商铺	0	0%
			2.3公共建筑	0	0%
		围合	3.1住宅	18867	37%
			3.2商铺	0	0%
			3.3公共建筑	0	0%
7	119530	垂直	1.1住宅	40147	34%
			1.2临街商铺	13425	11%
			1.3公共建筑	7307	17%
		不垂直	2.1住宅	3239	3%
			2.2商铺	2342	2%
			2.3公共建筑	0	0%
		围合	3.1住宅	37898	31%
			3.2商铺	685	1%
			3.3公共建筑	1677	1%
占地面积	867559				

建筑长宽、间距统计

后海建筑长宽、间距统计表

	1	2	3	4	5	6	7	平均数
住宅长/m	24-62	20-60	18-28	32-52	28-47	32-44	26-52	26-49
住宅宽/m	30-46	10-50	16-38	14-36	13-18	10-29	14-32	15-36
商铺长/m	2-24	6-12	2-50	8-41	6-35	9-30	10-42	6-33
商铺宽/m	2-15	4-17	3-18	5-10	2-18	5-10	4-11	4-14
公建长/m	10-98	20-170	24-74	50-84	51-108	—	19-92	33-104
公建宽/m	10-122	12-181	22-106	24-47	43-64	—	24-98	23-103
相邻建筑间距/m	0-20	0-24	0-20	0-19	0-13	0-9	0-24	0-18

围合部分朝向统计

后海围合部分朝向统计表

（单位：m²）	一级道路	二级道路	三级道路	总和
围合	71449	86941	13926	172316
密度	41%	50%	9%	100%

商铺分类统计

后海商铺分类统计表

（单位：m²）	有院落	无院落	总和
商铺	39250	27221	66471
密度	59%	41%	100%

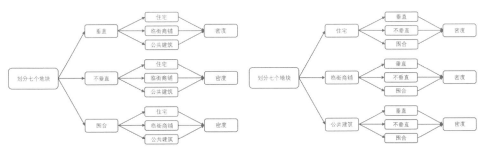

七个地块的统计分析图

整体分类统计

后海整体分类统计表

			面积/m²	密度	总面积/m²	建筑密度（不同关系）
建筑与道路关系	垂直	1.1住宅	242602	58%	415260	68%
		1.2临街商铺	54745	13%		
		1.3公共建筑	117915	29%		
	不垂直	2.1住宅	13429	42%	31872	5%
		2.2商铺	7643	24%		
		2.3公共建筑	10800	34%		
	围合	3.1住宅	152354	88%	172316	27%
		3.2商铺	4083	2%		
		3.3公共建筑	15879	10%		
			面积/m²	密度	总面积/m²	建筑密度（不同类型）
建筑类型	住宅	垂直	242602	59%	408385	67%
		不垂直	13429	3%		
		围合	152354	38%		
	临街商铺	垂直	54745	82%	66471	10%
		不垂直	7643	11%		
		围合	4083	7%		
	公共建筑	垂直	117915	82%	144594	23%
		不垂直	10800	7%		
		围合	15879	11%		

2.2 规则设计

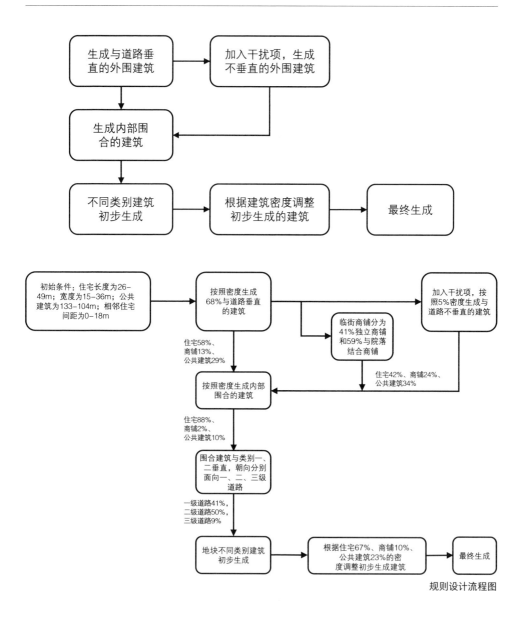

初始条件：住宅长度为26–49m；宽度为15–36m；公共建筑为133–104m；相邻住宅间距为0–18m

按照密度生成68%与道路垂直的建筑

加入干扰项，按照5%密度生成与道路不垂直的建筑

临街商铺分为41%独立商铺和59%与院落结合商铺

住宅58%、商铺13%、公共建筑29%

住宅42%、商铺24%、公共建筑34%

按照密度生成内部围合的建筑

住宅88%、商铺2%、公共建筑10%

围合建筑与类别一、二垂直，朝向分别面向一、二、三级道路

一级道路41%，二级道路50%，三级道路9%

地块不同类别建筑初步生成

根据住宅67%、商铺10%、公共建筑23%的密度调整初步生成建筑

最终生成

规则设计流程图

生成与道路垂直的外围建筑

加入干扰项，生成不垂直的外围建筑

生成内部围合的建筑

不同类别建筑初步生成

根据建筑密度调整初步生成的建筑

最终生成

2.3 田野考察：高庙村

2.3.1 城中村调研

1.基本位置

北京市朝阳区东风乡高庙村。

2.背景

高庙村位于北京市东四环附近，见证了北京的发展和壮大，它周围建起了很多高层建筑，不乏各种各样的商业大厦，但高庙村却没有得到发展。城中村的生活方式和城市有着根本的区别，村民们也并没有真正融入城市生活中，许多人因此感到失落和焦急。

2016年高庙村被列入拆迁改造的名单，后因种种原因，包括高庙村在内的三个地块至今无法启动拆迁。

高庙村以砖房为主，主要供外来务工人员租住。老旧的平房环境给住在这里的人带来巨大的困扰，多年来缺乏管理。其四周都是高层建筑，但高庙村的房子又低又窄，几乎每户人家的门口都有一个垃圾堆，没有维修过的墙壁上长有各种植物。目前村内无法实现煤改电，绝大多数村民因拆迁政策不明、拆迁时间未决并没有选择搬迁。

面积：14.6万m²
人口：常住人口4747人，流动人口5688人（2021年人口数据）。高庙村属于典型的城乡接合部
建筑：以砖房为主

高庙村范围

数字生形

3.调查问卷

被调查者个人经济社会属性特征						
性别	男			女		
样本数/个	20			14		
比重/%	58.82			41.18		
学历	本科及以上	大专	高中、中专	初中	小学及以下	
样本数/个	8	11	9	4	2	
比重/%	23.52	32.35	26.47	11.76	5.9	
年龄	18-20岁	21-25岁	26-30岁	31-40岁	41-50岁	51岁以上
样本数/个	5	13	10	3	1	2
比重/%	14.71	38.24	29.41	8.82	2.94	5.88
婚姻子女状况	结婚	未婚		有子女	无子女	
样本数/个	8	26		6	28	
比重/%	23.53	76.47		17.65	82.35	
收入/元	0	0-1000	1000-3000	3000-5000	>5000	稳定	不稳定
样本数/个	1	5	22	4	2	22	14
比重/%	2.94	14.71	64.71	11.76	5.88	58.82	41.18
居住状况	独居	合租	与朋友合住	家庭合住		外来人口	本地人口
样本数/个	7	18	3	6		21	13
比重/%	22.58	52.94	8.82	15.66		61.76	38.24

		样本数/个
基本信息	男	20
	女	14
	外来人口	21
	本地人口	13
学历	本科及以上	8
	大专	11
	高中、中专	9
	初中	4
	小学及以下	2
年龄	18-20岁	5
	21-25岁	13
	26-30岁	10
	31-40岁	3
	41-50岁	1
	51岁以上	2
婚姻子女状况	结婚	8
	未婚	26
	有子女	6
	无子女	28
收入/元	0	1
	0-1000	5
	1000-3000	22
	3000-5000	4
	>5000	2
	稳定	22
	不稳定	14
居住状况	独居	7
	合租	18
	与朋友合住	3
	家庭合住	6

高庙村调查结果

高庙村以外来人口为主，男性居多。
居民文化水平大专居多。
薪资状况相对稳定但普遍偏低。
受采访时间段影响，受采访者年龄较为年轻，且未婚无子女较多。
因为外来流动人口较多，所以高庙村居住模式以合租为主。

2.3.2 人口预测

各年份人口统计与未来预测

年份	高庙村/人	常住人口/人	流动人口/人	同比增长
2016	9001	4681	5667	0.001
2017	8993	4675	5665	-0.001
2018	8924	4640	5623	-0.008
2019	8921	4638	5620	-0.001
2020	9070	4716	5713	0.164
2021	9031	4747	5688	-0.004
2022	9027	4727	5687	
2023	9058	4757	5705	
2024	9101	4793	5732	
2025	9121	4818	5745	
2026	9118	4828	5743	

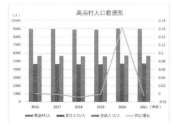

数据来源：人口普查网 https://www.swguancha.com/

人口数据图

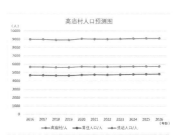

数据来源：人口普查网 https://www.swguancha.com/

人口预测图

2.3.3 分析图

1.人流量分布图

人流密集程度从大到小依次为
健身园，人流聚餐馆、学校、
超市，公共厕所。

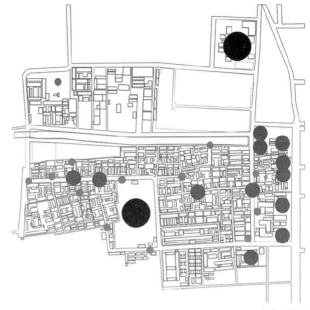

人流分析图

2.功能分析

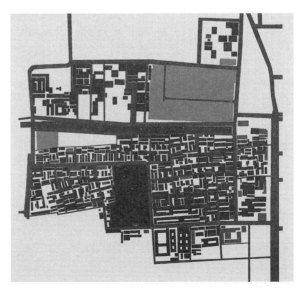

扫码读图

功能分析图

3.户型分析

户型分布图

基本户型

基本户型图

扫码读图

分类标准:

有无院落	没有院落—A
	一个院落—B
	多个院落—C
建筑功能	纯商业—a
	纯居住—b
	前商后住—c
出入口	内向—1
	外向—2
	双向—3

4.保留空间

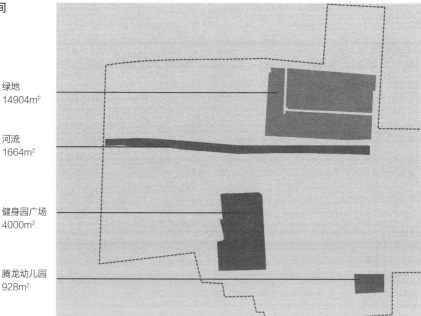

绿地
14904m²

河流
1664m²

健身园广场
4000m²

腾龙幼儿园
928m²

保留空间

5.道路连接点

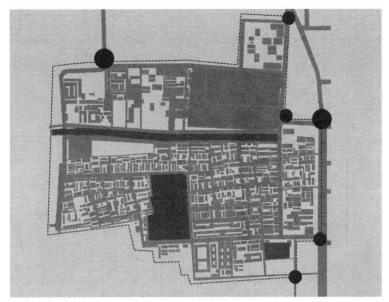

主要机动车道路连接点

6.公共建筑

分析高庙村公共建筑的功能、面积和尺度，并在新的设计中按功能与尺度重新规划设计。
高庙村公共建筑主要有两类：学校和公共厕所。

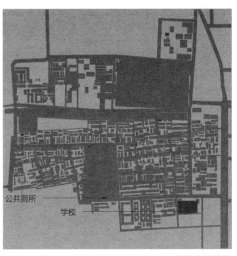

公共建筑位置

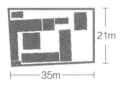

学校：腾龙幼儿园
尺度：35m×21m
建筑面积：928m²
人数：182人

幼儿园平面图

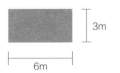

公共厕所
尺度：6m×3m
数量：11个

公共厕所平面图

7.人口预测

明确常住人口的回迁比例、户数和未来5-10年新住户的住宅总数。
建筑需求类型：居住、回迁房、商业、公共建筑等。

回迁比例
74%

平均每户
2.31人

居住
独居房1-2人
34m²
一室一厅一卫

合租房2-3人
45-68m²
两室一厅一卫

户籍回迁人口
3136人

户数
1358户

家庭房2-5人
68-150m²
三室一厅一卫

常住回迁人口
3490人

户数
1511户

新住户
4372人

户数
1893户

商业

餐馆
30-150m²

超市
8-1000m²

未来5年
9119人

户数
3848户

公共建筑

医院
1200m²
社区卫生服务中心

小学
8100m²
12班，540人，人均15m²

幼儿园
2700m²
6班，180人，人均15m²

休闲空间
10000m²
人均1m²

2.3.4　高庙村任务书

结合后海的人口比例与建筑尺度，按比例确定高庙村任务书的建筑规模、层数与面积。

后海人口比例

总人口	常住人口64.57%	流动人口35.43%
10633人	**6866**人	**3767**人

建筑尺度

单个住宅	商铺	公共建筑
长**10.8–49**m 宽**14–36**m	长**6–33**m 宽**4–14**m	长**33–104**m 宽**23–103**m

四合院：18m×18m，三合院10.8m×14m

后海建筑占地面积	后海总面积
64.5万m²	**86.8**万m²

住宅	商铺	公共建筑
40.8385万m²	**6.6471**万m²	**14.4594**万m²
47%，人均38.41m²	8%，人均6.25m²	17%，人均13.6m²

明确高庙村更新设计的技术经济指标

总占地面积	总建筑面积		
14.6万m²	**49.8**万m²		

回迁面积	住宅面积	商业面积	公共建筑面积
13.4万m²	**23.4**万m²	**4**万m²	**8.5**万m²

容积率	建筑密度	建筑层数	绿地率
3.4	**72%**	**6**	**28%**

建筑高度

住宅	商铺	公共建筑
不超过**18**m	不超过**15**m	不超过**15**m
（每层3m）	（每层3m）	（每层3m）

2.4 算法

2.4.1 道路生成

1. 道路生成规则

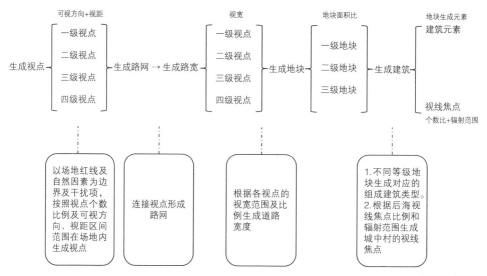

道路生成规则

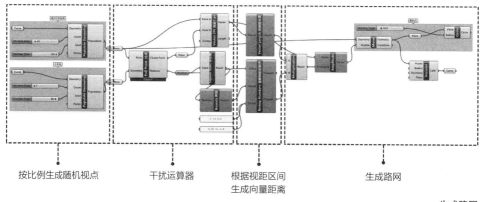

生成路网

2.生成视点并相连成路网

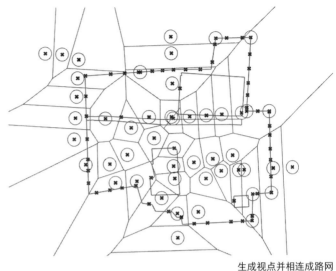

生成视点并相连成路网

3.各视点生成不同等级路网

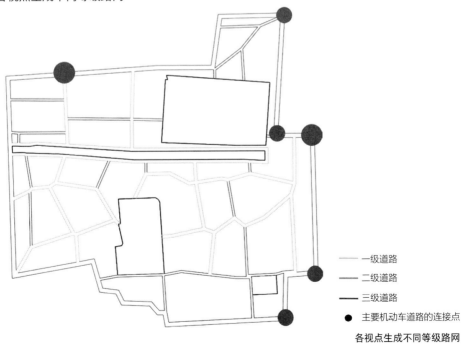

一级道路

二级道路

三级道路

● 主要机动车道路的连接点

各视点生成不同等级路网

2.4.2 建筑生成

1.基本原型

居住										
建筑面积/m²	形制	层数	户型	单间面积/m²	建筑面积/m²	需求类型	长宽/m	占地面积/m²	需求总户数	单居需求户数
三合院2053	三合院（独栋）	1层	两室两厅一卫	90	90	独居*2	9*10	90	297	50
	三合院（一间）	1层	两室一厅一卫	65	195	合租*3	16*16	256	895	150
	三合院	1层	六室三厅三卫	260	260	家庭*2	15*18	270	484	81
四合院1895	四合院（一间）	1层	一室一厅一卫	30	120	独居*4	14*15	210	594	99
	四合院（一间）	1层	两室一厅一卫	50	200	合租*4	16*17	272	1195	199
	四合院	1层	七室四厅两卫	300	300	家庭*2	18*18	324	483	80

商住混合										
建筑面积/m²	形制	层数	户型	单间面积/m²	建筑面积/m²	需求类型	长宽/m	占地面积/m²	需求总户数	单居需求户数
6892	三合院（一间）	1层	两室一厅一卫	65	195	合租*3	16*16	3089.5	48	10
	四合院（一间）	1层	两室一厅一卫	50	150	合租*4	12*15	2376.6	48	10
	四合院（一间）	1层	一室一厅一卫	30	120	独居*4	12*13	1429.5	41	8

商铺										
建筑面积/m²	形制	层数	户型	单间面积/m²	建筑面积/m²	需求类型	长宽高/m	占地面积/m²	需求总户数	单居需求户数
4788	独栋	1层	单间	16	442	商铺	4*4*2.8	442	32	6
	独栋	1层	单间	21	553	商铺	3*7*3	553	30	6
	独栋	1层	单间	30	830	商铺	5*6*5	830	30	6
	独栋	1层	单间	47	1300	商铺	3.5*12*3	1300	26	5
	独栋	1层	单间	60	1663	商铺	12*5*3	1663	24	5

基本原型统计表示意

居住情况调查表

居住状况	独居	合租	家庭合住
样本数/个	7	21	6
比重/%	22.58	61.76	15.66

三合院与四合院原型比例表

	个数	比例
三合院	120	52%
四合院	109	48%

2.建筑生成规则

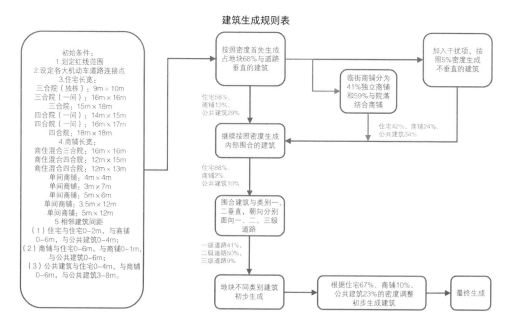

建筑生成规则表

二分裂式，设定各类建筑形状大小，在地块内根据比例进行密铺

迭代

设定每类建筑占
地面积和比例

生成建筑平面

使用动态城市模型，设定每类建筑占地面积和比例生成建筑

Grasshopper算法图

3.平面生成规则

平面生成规则

	总数	与周边住宅数量比值	与周边住宅距离范围 / m	与周边商铺数量比值	与周边商铺距离范围 / m	与周边公共建筑数量比值	与周边公共建筑距离范围 / m
住宅	102096	78%	0~2	17%	0~6	5%	0~4
商铺	16618	33%	0~6	56%	0~1	11%	0~6
公共建筑	16	49%	0~4	32%	0~6	19%	3~8

生成沿街商铺，设置吸引子，规定：二级道路>一级道路>三级道路。

住宅设置吸引子，规定：三级道路>二级道路>一级道路。

建筑生成后地块内自然围合出胡同，以保证道路的可达性。

住宅周边78%概率生成间隔0-2m的住宅；17%概率生成间隔0-6m的商铺；5%概率生成间隔0-4m的公共建筑；

商铺周边33%概率生成间隔0-6m的住宅；56%概率生成间隔0-1m的商铺；11%概率生成间隔0-6m的公共建筑；

公共建筑周边49%概率生成间隔0-4m的住宅；32%概率生成间隔0-6m的商铺；19%概率生成间隔3-8m的公共建筑。

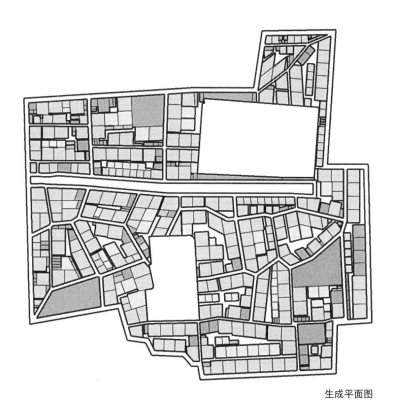

扫码读图

生成平面图

建筑类型	平面数量	建筑类型	平面数量
三合院（独栋）9m×10m=90 m²	50	商铺4m×4m=16 m²	6
三合院16m×16m=256 m²	150	商铺3m×7m=21 m²	6
三合院15m×18m=270 m²	81	商铺5m×6m=30 m²	6
四合院14m×15m=210 m²	91	商铺3.5m×12m=42 m²	5
四合院16m×17m=272 m²	199	商铺12m×5m=60 m²	5
四合院18m×18m=324 m²	80	医院240 m²	1
商住混合三合院16m×16m=256 m²	10	小学1620 m²	1
商住混合四合院12m×15m=180 m²	10	停车场2564 m²	1
商住混合四合院12m×13m=156 m²	8		

2.5 初始设计（多方案比较）

方案一

方案二

方案三

方案四

方案五

满足任务书要求；
采光充足遮挡较少；
超出红线范围较少；
建筑分布合理；
更符合城市的肌理；
完成城中村的更新。

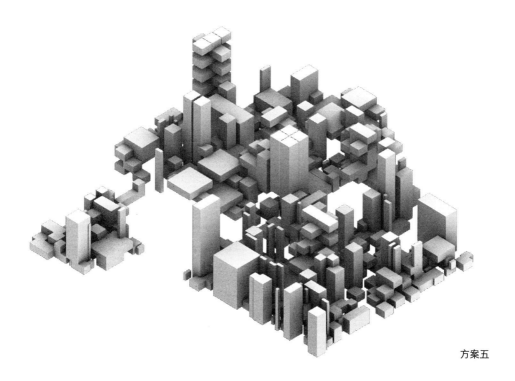

方案五

2.6　涌现与模式

2.6.1　建筑涌现

1. 住宅涌现

基于迭代后的平面建立网格，根据已生成的住宅位置设点，利用元胞自动机进行住宅的涌现。

三合院（独栋）9m×10m=90m²　　三合院16m×16m=256m²
三合院15m×18m=270m²　　　　　四合院14m×15m=210m²
四合院16m×17m=272m²　　　　　四合院18m×18m=324m²

2. 商铺涌现

基于迭代后的平面建立网格，根据已生成的商铺位置设点，利用元胞自动机进行商铺的涌现。

商铺4m×4m=16m²　　　　　商住混合三合院16m×16m=256m²
商铺3m×7m=21m²　　　　　商住混合四合院12m×15m=180m²
商铺5m×6m=30m²　　　　　商住混合四合院12m×13m=156m²
商铺3.5m×12m=42m²
商铺12m×5m=60m²

住宅涌现（a）

商铺涌现（b）

2.6.2　让步规则

1. 让步条件

公共建筑>商铺>住宅；
当同类型的房屋相撞时，保留占比较大的一方；
四层以上住宅与独栋商铺相撞，保留住宅；
商住混合与独栋商铺相撞时，保留商住混合。

 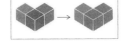

扫码读图

○ 住宅
● 公共建筑
● 商铺

让步规则

2.优化后建筑涌现

1）住宅涌现

优化后基于迭代后的平面建立网格，根据已生成的住宅位置设点，利用元胞自动机进行住宅的涌现。

三合院（独栋）9m×10m=90m²　三合院16m×16m=256m²
三合院15m×18m=270m²　四合院14m×15m=210m²
四合院16m×17m=272m²　四合院18m×18m=324m²

2）商铺涌现

优化后基于迭代后的平面建立网格，根据已生成的商铺位置设点，利用元胞自动机进行商铺的涌现。

商铺4m×4m=16m²　商住混合三合院16m×16m=256m²
商铺3m×7m=21m²　商住混合四合院12m×15m=180m²
商铺5m×6m=30m²　商住混合四合院12m×13m=156m²
商铺3.5m×12m=42m²
商铺12m×5m=60m²

住宅涌现（a）　　　　　　　　　　　　商铺涌现（b）

3.涌现结果

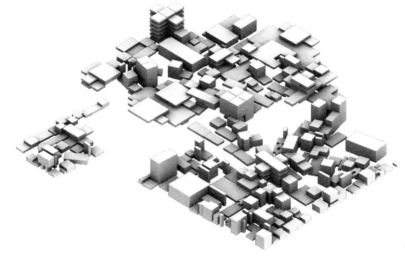

涌现结果

2.7 基本原型设计

2.7.1 原型设计

传统四合院

传统四合院

住宅

住宅

商住混合

商住混合

商铺

单面开窗（a）

单面开窗（b）

双面开窗

相邻双面开窗

2.7.2 算法生形后高庙村技术经济指标

高庙村建筑规模面积

高庙村	高庙村住宅	高庙村商铺	高庙村公共建筑
14.6万m²	**51465m²**	**9734m²**	**24820m²**

高庙村建筑层数

住宅	商铺	公共建筑
1-11层	**1-6层**	**1-6层**

总用地面积 **14.6**万m²	**总建筑面积** **50.3**万m²

回迁面积 **13.4**万m²	**住宅面积** **23.4**万m²	**商业面积** **4.2**万m²	**公共建筑面积** **8.5**万m²
容积率 **3.4**	**建筑密度** **61%**	**建筑层数** **1–11**层	**绿地率** **33%**

建筑高度

住宅	商铺	公共建筑
不超过33m （每层3m）	**不超过18m** （每层3m）	**不超过18m** （每层3m）

2.7.3　原型替换后涌现结果

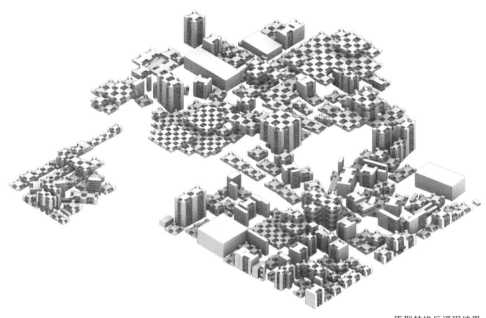

原型替换后涌现结果

2.8　方案

1.总平面

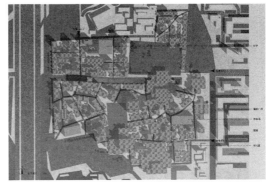

总平面图

2.道路与地块

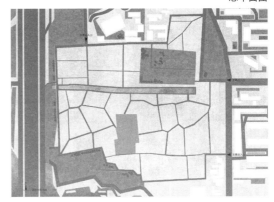

道路与地块图

3.功能分区

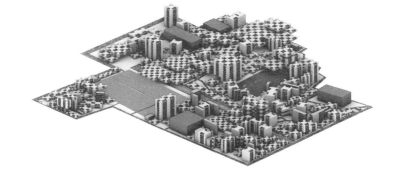

扫码读图

功能分区总图

4.爆炸图

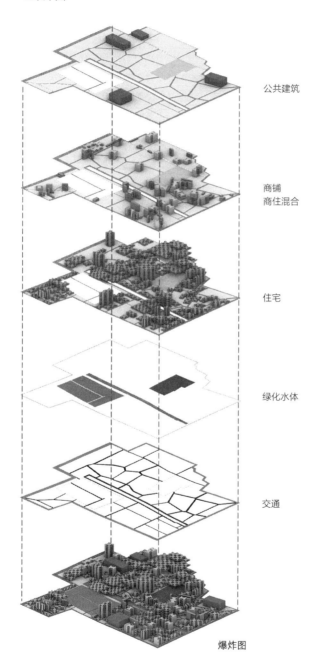

公共建筑

商铺
商住混合

住宅

绿化水体

交通

爆炸图

5.街坊平面图

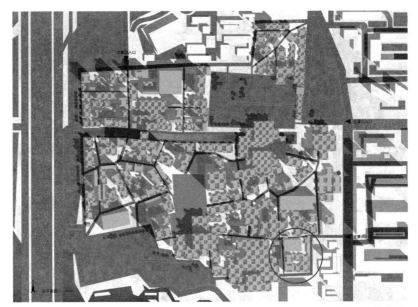

街坊平面图（a）

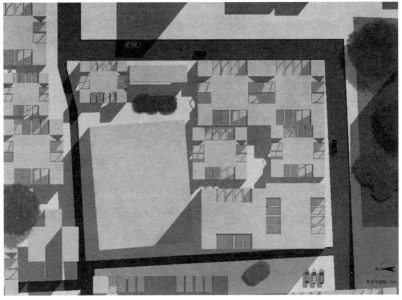

街坊平面图（b）

6.鸟瞰图

鸟瞰图

7.效果图

效果图（a）

效果图（b）

视线 / 算法生形云谷村

3.1　类比与参数比

3.1.1　视点等级分类

根据道路与开放空间交叉及转角处设置视点，
按照视宽分视点等级。

视宽=X

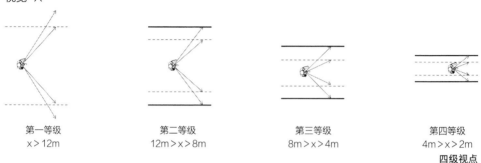

第一等级	第二等级	第三等级	第四等级
x > 12m	12m > x > 8m	8m > x > 4m	4m > x > 2m

四级视点

3.1.2　视点等级判定条件

1.判定条件

凡是一个及以上可视方向的视宽在第一等级，
则归第一等级；
凡是两个及以上可视方向的视宽在同一等级
内，则归为该等级。

共有五种可视方向情况：

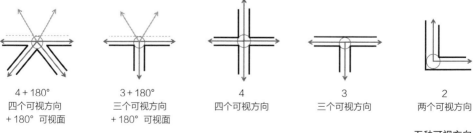

4 + 180°	3 + 180°	4	3	2
四个可视方向	三个可视方向	四个可视方向	三个可视方向	两个可视方向
+ 180° 可视面	+ 180° 可视面			

五种可视方向

2. 视点统计

地点	视点序号	可视方向	与可视点距离/m	可视元素类型
滨河	1	四岔口+自然景观	25、1036	自然景观（后海）商铺 住宅
	2	转角+自然景观	17、983	自然景观（后海）住宅
	3	三岔口+自然景观	17、981	自然景观（后海）商铺 住宅
	4	三岔口+自然景观	18、388	自然景观（后海）住宅
	5	三岔口+自然景观	22、618	自然景观（后海）住宅
	6	三岔口+自然景观	27、507	自然景观（后海）公共建筑（公园）商铺 住宅
	7	三岔口+自然景观	17、480	自然景观（后海）公共建筑（公园）商铺
	8	三岔口+自然景观	32、448	自然景观（后海）公共建筑（公园）商铺
	9	三岔口+自然景观	38、411	自然景观（后海）公共建筑（公园）
	10	转角+自然景观	102、587	自然景观（后海）住宅
	11	转角+自然景观	21、516	自然景观（后海）住宅
	12	三岔口+自然景观	27、457	自然景观（后海）住宅
	13	三岔口+自然景观	27、431	自然景观（后海）商铺
	14	三岔口+自然景观	50、333	自然景观（后海）商铺
	15	三岔口+自然景观	40、833	自然景观（后海）住宅
	16	三岔口+自然景观	38、868	自然景观（后海）商铺 住宅
	17	四岔口+自然景观	11、587	自然景观（后海）商铺
	18	四岔口+自然景观	11、587	自然景观（后海）商铺
	19	三岔口+自然景观	14、777	自然景观（后海）公共建筑（社区服务站）
	20	三岔口+自然景观	105、669	自然景观（后海）公共建筑（图书馆）
	21	三岔口+自然景观	31、466	自然景观（后海）公共建筑（大藏龙华寺、望海楼公园）围墙
	22	三岔口	31、34	公共建筑（望海楼公园）住宅 围墙
	23	三岔口	34、45	商铺 住宅 围墙
	24	三岔口+自然景观	12、392	自然景观（后海）住宅（宋庆龄故居）
	25	三岔口+自然景观	32、819	自然景观（后海）住宅（宋庆龄故居）围墙
	26	三岔口	26、850	自然景观 房屋
	107	三岔口	19、82	自然景观 商铺
	108	三岔口	37、115	自然景观（后海）商铺
鼓楼西大街	28	三岔口	34、154	公共建筑（中国社会科学出版社）商铺 住宅 围墙
	29	三岔口	25、119	公共建筑（关山酒）房属 围墙
	30	三岔口	31、178	公共建筑（中国城市发展研究所、宗教文化出版社）商铺 住宅 围墙
	31	三岔口	97、389	住宅
地安门外大街	32	三岔口	17、283	公共建筑（小学）住宅
	33	三岔口	50、233	住宅
	34	三岔口	77、389	公共建筑（小学）商铺 住宅
	35	三岔口	30、117	公共建筑（数086）商铺 住宅
	36	三岔口	66、117	公共建筑（数086）商铺 住宅 围墙
	37	三岔口	66、170	公共建筑（数086）商铺 住宅
	38	三岔口	88、170	公共建筑（数086）住宅 围墙
后海沿南街	39	三岔口+自然景观	17、440	自然景观（后海）商铺 住宅
	40	三岔口+自然景观	23、193	自然景观（后海）商铺 住宅
	41	三岔口	71、71	商铺 住宅
柳荫街	42	三岔口	41、188	住宅
	43	三岔口	92、147	住宅
	44	三岔口	92、138	住宅
	45	三岔口	11、110	公共建筑（警务室）住宅 围墙
	46	三岔口	11、99	公共建筑（警务室）住宅 围墙
	47	三岔口	10、132	住宅
	48	三岔口	10、142	住宅
	49	三岔口	12、176	住宅
松树街	50	三岔口	12、188	住宅
	51	三岔口	12、104	商铺 住宅
	52	三岔口	29、221	商铺 住宅
	53	三岔口	29、192	住宅
	54	三岔口	29、113	商铺 住宅
	55	三岔口	29、141	住宅
烟袋斜街	56	三岔口	42、221	住宅
	100	四岔口	28、75	商铺 住宅
	101	三岔口	20、80	商铺 住宅
	102	转角	21、31	商铺 住宅
滨海胡同	103	三岔口	31、34	商铺 住宅
	57	三岔口	30、119	商铺 住宅
糖房大院	58	四岔口	30、88	住宅 围墙
	59	三岔口	32、46	商铺 住宅
	60	三岔口	12、88	商铺 住宅
	61	三岔口	12、22	住宅
	62	三岔口	21、34	住宅 围墙
孝友胡同	63	转角	19、19	住宅
	64	转角	9、19	住宅
	65	三岔口	9、37	自然景观（后海）住宅 围墙
	66	转角	26、39	住宅 围墙
八步口胡同	67	转角	30、30	住宅
	68	转角	25、25	住宅
小八道弯	69	转角	12、31	商铺（高层）住宅 围墙
	70	转角	12、44	商铺（高层）住宅 围墙
	71	转角	44、44	商铺（低+高层）住宅 围墙
景尔胡同	72	三岔口	31、87	住宅
	73	三岔口	13、57	住宅
	74	转角	10、13	住宅
	75	转角	10、10	住宅
	76	三岔口	27、68	住宅
	77	三岔口	23、68	住宅 围墙
	78	三岔口	30、87	住宅 围墙
	79	三岔口	22、24	住宅
鹳峰胡同	80	三岔口	20、133	住宅
	81	三岔口	19、114	住宅 围墙
	82	三岔口	23、93	住宅
	83	转角	40、133	公共建筑（公厕）住宅
新开胡同	84	三岔口	22、31	住宅
	85	四岔口	31、54	住宅 围墙
	86	三岔口	31、97	商铺 住宅
	87	三岔口	23、154	住宅 围墙
甘露胡同	88	三岔口	12、37	住宅
	89	转角	37、103	住宅 围墙
后海北沿	90	三岔口	13、103	商铺 住宅
	91	三岔口	36、89	商铺 住宅
	92	三岔口	13、81	住宅 围墙
	93	转角	14、70	住宅
鸦儿胡同	94	三岔口	14、268	公共建筑（公厕）住宅
	95	三岔口	79、189	住宅 围墙
	96	三岔口	52、89	住宅
	97	三岔口	44、89	公共建筑（什刹海书院）住宅 围墙
	98	三岔口	82、85	公共建筑（后海社区）商铺 住宅 围墙
	104	转角	74、85	住宅
大石碑胡同	105	三岔口	30、141	商铺 住宅
	106	转角	64、77	住宅 围墙
东明胡同	109	三岔口	44、141	住宅 围墙
	110	三岔口	22、221	自然景观（后海）住宅
	111	三岔口	35、257	商铺 住宅
羊房胡同	112	三岔口	43、413	住宅
	113	三岔口	12、181	住宅
	114	三岔口	22、129	住宅
	115	转角	22、43	住宅
西口袋胡同	116	三岔口	43、50	公共建筑（公厕）住宅
	117	三岔口	30、44	住宅
	118	三岔口	30、73	住宅
小新开胡同	119	转角	33、51	住宅
	120	三岔口	19、22	住宅
	121	三岔口	22、57	住宅
大新开胡同	122	三岔口	48、110	住宅 围墙
	123	三岔口	16、119	住宅
小翔凤胡同	124	三岔口	16、45	住宅 围墙
	125	三岔口	18、152	住宅
西煤厂胡同	126	转角	45、110	公共建筑（小学）住宅 围墙
	127	三岔口	21、104	住宅
大翔凤胡同	128	三岔口	33、124	住宅 围墙
	129	三岔口	33、119	住宅
毡子胡同	130	三岔口	15、23	住宅
	131	转角	15、16	住宅
前井胡同	132	三岔口	16、16	住宅
	133	三岔口	23、76	住宅
	134	转角	23、49	住宅
后井胡同	135	三岔口	15、49	住宅
	136	转角	15、15	住宅
北官房胡同	137	三岔口	17、111	住宅
	138	转角	27、27	住宅
	139	三岔口	17、27	住宅
	140	四岔口	15、111	公共建筑（海湖同）住宅
银锭桥胡同	141	三岔口	15、20	住宅
	142	转角	20、20	住宅
	143	转角	17、17	住宅

后海视点统计示意

3. 视点分类序号统计

后海视点分类序号统计表

一级视点 (12, +∞)	视距/m	二级视点 (8, 12)	视距/m	三级视点 (4, 8)	视距/m	四级视点 (2, 4)	视距/m
108	313	35	131	63	18	75	10
14	333	36	162	50	29	74	13
4	388	37	183	67	30	136	15
24	392	38	184	130	32	141	15
9	411	33	249	68	33	124	16
13	431	30	250	49	35	143	17
8	448	28	302	65	36	132	18
12	457	32	308	69	40	120	19
7	480	27	325	56	41	142	20
11	516	31	388	70	44	119	22
10	587	34	388	71	44	121	22
17	587	29	396	106	44	79	23
18	587			64	45	131	25
5	618			59	46	138	27
107	658			85	54	139	27
20	669			84	62	125	29
19	771			48	66	57	30
15	833			105	66	66	39
26	850			93	70	114	43
16	868			47	76	103	44
3	981			55	80	116	44
2	983			91	80	62	48
				98	81	115	50
				99	85	134	50
				58	88	135	50
				60	88	118	51
				89	89	129	51
				92	89	73	57
				96	89	76	57
				97	89	110	57
				90	93	77	68
				86	96	78	68
				88	102	61	70
				54	108	117	73
				81	113	133	76
				95	113	137	76
				126	118	101	77
				122	119	109	79
				104	120	72	87
				46	121	123	93
				111	124	140	98
				80	132	100	100
				83	132	102	100
				45	133	128	100
				127	151		
				87	154		
				113	156		
				44	160		
				94	168		
				43	170		
				82	177		
				112	181		
				51	184		
				53	191		
				42	210		
				52	220		
				41	231		
				40	247		
				39	250		

4. 等级视点总图

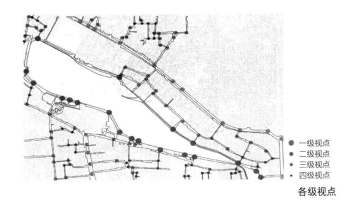

一级视点
二级视点
三级视点
四级视点

各级视点

5. 不同等级视点个数占比

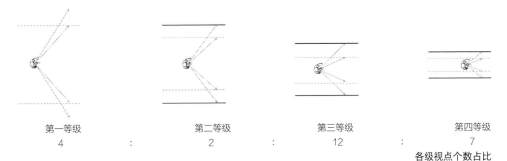

第一等级		第二等级		第三等级		第四等级
4	：	2	：	12	：	7

各级视点个数占比

6. 不同等级视点可视方向占比

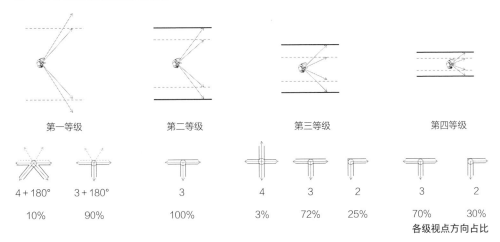

第一等级	第二等级	第三等级	第四等级

4 + 180°	3 + 180°	3	4	3	2	3	2
10%	90%	100%	3%	72%	25%	70%	30%

各级视点方向占比

7. 地块分级

由于视点设置的位置、视点等级和道路密切相关，于是将视点连接形成地块，并对地块进行分级。

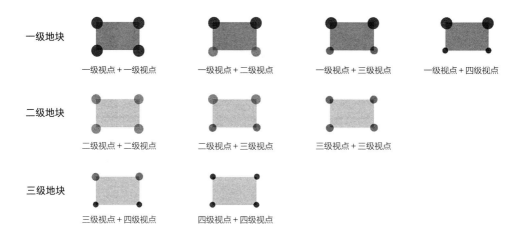

一级地块

一级视点 + 一级视点   一级视点 + 二级视点   一级视点 + 三级视点   一级视点 + 四级视点

二级地块

二级视点 + 二级视点   二级视点 + 三级视点   三级视点 + 三级视点

三级地块

三级视点 + 四级视点   四级视点 + 四级视点

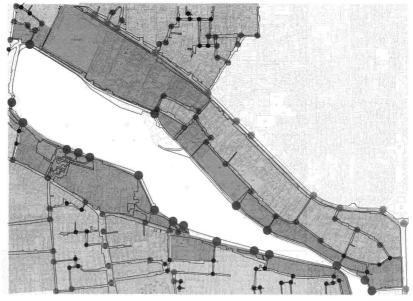

地块分级

8. 不同等级地块面积比及生成元素

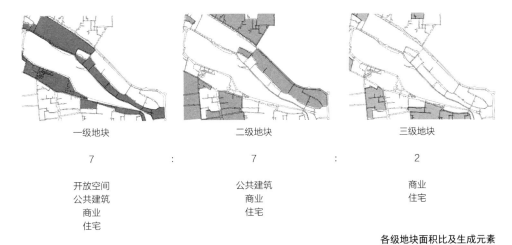

一级地块		二级地块		三级地块
7	:	7	:	2
开放空间 公共建筑 商业 住宅		公共建筑 商业 住宅		商业 住宅

各级地块面积比及生成元素

9. 视线焦点参数化

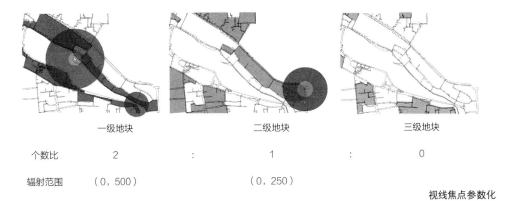

	一级地块		二级地块		三级地块
个数比	2	:	1	:	0
辐射范围	（0，500）		（0，250）		

视线焦点参数化

10. 不同等级视点占比

一级视点：x＞12m

二级视点： 12m＞x＞8m

三级视点：8m＞x＞4m

四级视点：4m＞x＞2m

比例：4：2：12：7

11. 不同等级视点可视方向占比

可视方向数量（个）+可视角度−占比。

一级视点：4+180°−10%，3+180°−90%

二级视点：3−100%

三级视点：4−3%，3−72%，2−25%

四级视点：3−70%，2−30%

12. 不同等级视点的视距区间及占比

一级视点：（250，400），（400，1000）   比例：2：9

二级视点：（100，250），（250，400）   比例：1：1

三级视点：（0，50），（50，100），（100，250）   比例：5：6：9

四级视点：（0，50），（50，100）   比例：6：5

13. 不同等级地块面积比：7：7：2   **14. 不同等级地块视线焦点个数比：2：1：0**

15. 不同等级地块生成元素   **16. 不同等级地块视线焦点辐射范围**

一级地块：开放空间、公共建筑、商铺、住宅   一级地块：（0，500）

二级地块：公共建筑、商铺、住宅   二级地块：（0，250）

三级地块：商铺、住宅

3.2　规则设计

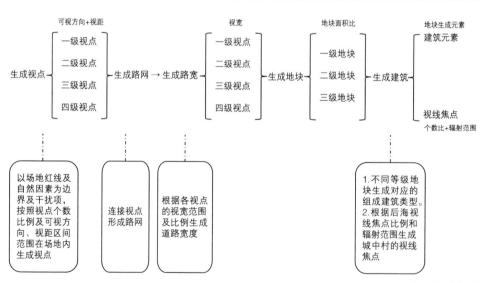

规则设计流程图

3.2.1　生成视点

一、二、三、四级视点比例为4：2：12：7

1. 生成一级视点

方法：以红线及自然因素为边界及干扰项，按照视点个数比例及间距区间随机生成。
方向：4+180° −10%，3+180° −90%。
一级视点视距：（250，400），（400，1000）；比例：2：9。

2. 生成二级视点

距离：根据一级视点到二级视点的视距范围生成。
方向：3-100%。
二级视点视距：（100，250），（250，400）；比例：1：1。

3. 生成三级视点

距离：根据二级视点到三级视点的视距范围生成。
方向：4-3%，3-72%，2-25%。
三级视点视距：（0，50），（50，100），（100，250）；比例：5：6：9。

4. 生成四级视点

距离：根据三级视点到四级视点的视距范围生成。
方向：3-70%，2-30%。
四级视点视距：（0，50），（50，100）；比例：6：5。

3.2.2　生成路网

根据各视点的视宽范围及比例生成道路宽度。
一级 x=12m ，二级 x=9m，三级 x=6m，四级 x=3m；比例：4：2：12：7。
根据视点等级区分地块等级，不同等级地块面积比：7：7：2。

3.2.3　生成建筑

1. 不同等级地块生成元素

一级地块：开放空间+公共建筑+商铺+住宅；
二级地块：公共建筑+商铺+住宅；
三级地块：商铺+住宅。
再结合其他逻辑体系的建筑元素密度或数量规则进行生成。

2. 生成视线焦点

根据后海视线焦点比例和辐射范围生成城中村的视线焦点。
不同等级地块视线焦点个数比：2：1：0；
不同等级地块视线焦点辐射范围为一级地块：（0，500）；二级地块：（0，250）。

3.3 田野考察：云谷村

3.3.1 场地背景

福建省泉州市丰泽区云谷村位于泉州市区东部，地处云谷工业区区域范围，隶属于泉州市丰泽区东海街道。云谷村公路纵横交错，形成了四通八达的交通网络，护城河在其间穿过。云谷村大约2/3属于"城中村"，外来人口较多，同时沿街餐饮店、小店铺也较多。

场地背景

云谷村现状
（图片来源：陈逾）

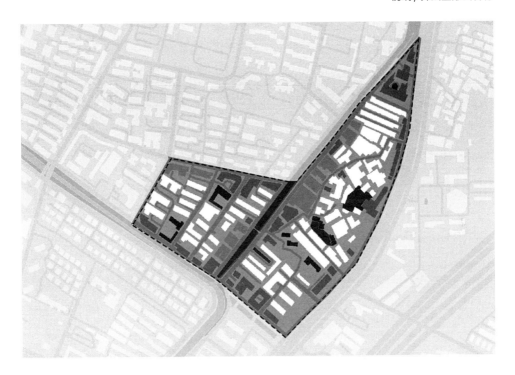

3.3.2　城中村任务书

1. 人口及总面积

扫码读图

人口数量:
现有总人口数4432人;
其中常住人口数为3100人;
流动人口数为1332人。

场地占地面积:
18.7万m²。

2. 人口预测

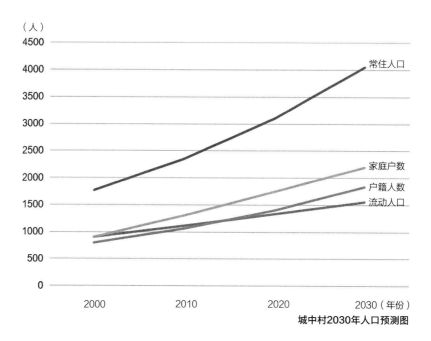

城中村2030年人口预测图

2000年至2010年：
常住人口增长33.12%，流动人口增长23.13%。
2010年至2020年：
常住人口增长31.89%，流动人口增长19.72%。
2000年至2020年每十年的人口增长率：
常住人口为96%，流动人口为85%。
2030年人口增长率预测：
常住人口增长率30.7%，流动人口增长率16.76%。
2030年人口数量预测：
总人数为5606人，常住人口数为4051人，流动人口数为1555人。

3. 明确常住人口的回迁比例及户数，以及未来5-10年提供给新住户的住宅总数

常住人口的回迁比列及户数

2019—2021年周边区域常住人口回迁比例：万安片区98.12%、后埔96.8%、华侨大学东区98.51%。

根据场地1992年和1995年以及周边区域2019—2021年的动迁常住人口回迁比例得出常住人口的回迁比例为98%。

根据2020年第七次人口普查数据，云谷村户规模为2.54人/户，由此计算出现有户数：常住人口户数为1220户，流动人口户数为524户。

常住人口回迁户数：回迁人口数为3038人，常住人口回迁户数为1195户。

预测2030年的总户数

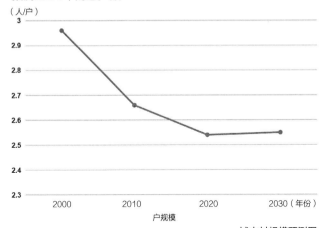

城中村规模预测图

根据2000—2010年和2010—2020年的户规模变化预测出：2030年的户规模为2.55人/户。

据2020年第七次人口普查数据，云谷村户规模为2.54人/户，由此计算出现有户数：总户数为1744户，常住人口户数为1220户，流动人口户数为524户。

由此预测出未来十年新住户人数：常住人口增长数量为870人，流动人口增长数量为192人。

截至2030年新增住户户数：新增住户总户数为416户，常住人口户数为341户，流动人口户数为75户。

截至2030年总户数为1478户。

4. 户型需求类型

  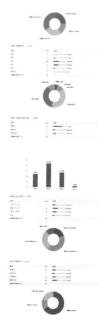

云谷村调研问卷示意

居住（流动人口）

1-2人 **30m²** 一室一厅一卫	2-3人 **90m²** 两室一厅一卫	3-5人 **120m²** 三室一厅一卫

居住（常住人口）

3-5人
120m²
三室一厅两卫

商业

商铺 **30-60m²**	商住混合 **2-3人，75m²**

公共建筑

停车场（3个） **1000m²**	绿地 **1200m²** **600m²**（2个） **500m²**

公共建筑

医院
1860m²

诊所（3个）
150m²

幼儿园（2个）
1150m²

小学
2950m²

甘露禅院
600m²

延陵衍派祠堂
120m²

5. 保留空间

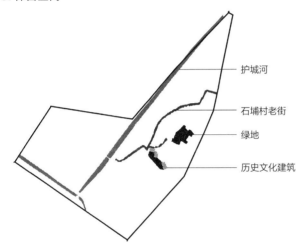

护城河

石埔村老街

绿地

历史文化建筑

扫码读图

保留空间

6. 主要机动车道路的连接

扫码读图

主要机动车道路的连接

7. 分析云谷村的公共建筑的功能、面积和尺度，并在新的设计中按功能与尺度重新规划

原云谷村的公共建筑的功能、面积和尺度

停车场（3个）
1000m²
20m×50m

绿地
1200m²
600m²（2个）
500m²

医院
1600m²
40m×40m

卫生所（3个）
120m²
12m×10m

幼儿园（2个）
1150m²
240（人）×2

小学（占地面积）
4000m²

小学（建筑面积）
1200m²

甘露禅院
600m²

延陵衍派祠堂
120m²

公共建筑在新的设计中按功能与尺度重新规划设计

停车场（3个）
1000m²
20m×50m

绿地
1200m²
600m²（2个）
500m²

医疗（延用）
1600m²
40m×40m

卫生所（3个）
120m²/个

幼儿园（2个）
3600m²/个
240（人）×2

小学
4800m²
可容纳学生共490人

甘露禅院
600m²

延陵衍派祠堂
120m²

8. 结合后海的人口比例与建筑尺度，按比例确定云谷村的任务书的建筑规模、层数与面积

常住人口占64.57%，为6866人；流动人口占35.43%，为3767人。

云谷村建筑占地面积比例表

总面积	619450m²	100%	
住宅	408385m²	66%	38.41m²/人
商铺	66471m²	11%	6.25m²/人
公共建筑	144594m²	23%	13.6m²/人

单个建筑尺度

四合院：18m×18m；三合院：10.8m×14m；

商铺：长6-33m，宽4-14m；

公共建筑：长33-104m，宽23-103m。

云谷村更新建筑规模、层数与面积

云谷村场地面积规模（18.7万m²）：住宅87890m²，商铺14960m²，公共建筑31790m²。

截至2030年城中村人口总数5606人

计算出平均层数

住宅：87890m²，2.45层；商铺：14960m²，2.34层；公共建筑：31790m²，2.4层。

3.3.3 明确云谷村更新设计的技术经济指标

场地面积
187000m²

建筑占地面积
134640m²

总建筑面积
326606m²

层数

住宅
1–11层

商铺
1–6层

公共建筑
1–6层

回迁面积
116690m²

住宅面积
215326m²

商业面积
35038m²

公共建筑面积
76242m²

容积率
1.75

建筑密度
72%

绿地率
28%

建筑层数

住宅和商业
1–3层

公共建筑
1–5层

建筑高度

住宅和商业
不超过12m

公共建筑
不超过15m

3.4 算法

3.4.1 初始条件

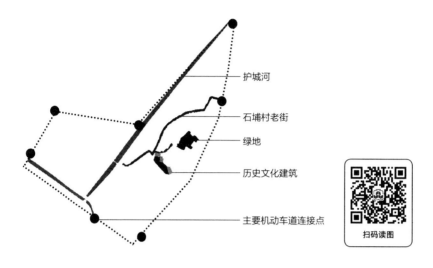

护城河

石埔村老街

绿地

历史文化建筑

主要机动车道连接点

扫码读图

初始条件

3.4.2 生成视点 → 形成路网

使用距离干扰的方法：设置点到干扰点的距离区间，由连接干扰物体和被干扰点获得向量后，提取长度，用长度乘以由距离得到的干扰强度，并返回去赋给向量，最后通过这个向量移动视点位置，生成路网。

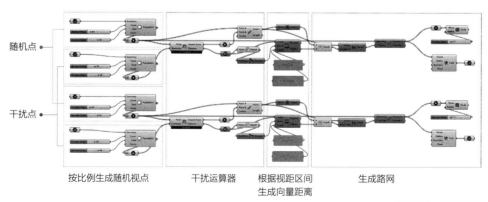

随机点

干扰点

按比例生成随机视点　　干扰运算器　　根据视距区间　　生成路网
　　　　　　　　　　　　　　　　　生成向量距离

生成视点→形成路网

3.4.3 形成路网→多级道路

依据视点等级及路网进行多级道路生成，一级道路宽12m，二级道路宽9m，三级道路宽6m，四级道路宽3m。

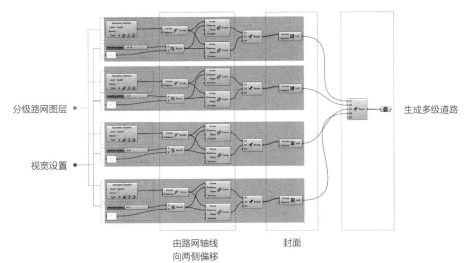

分级路网图层

视宽设置

由路网轴线
向两侧偏移

封面

生成多级道路

形成路网→多级道路

路网生成

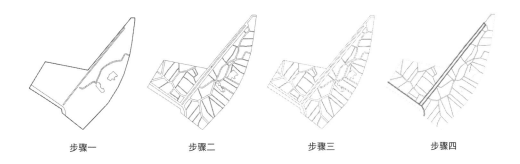

步骤一   步骤二   步骤三   步骤四

3.4.4 生成地块→生成建筑

设定每类建筑占地面积和比例，再设定各类建筑形状大小，在地块内根据比例进行密铺，经过多次迭代，生成建筑平面。

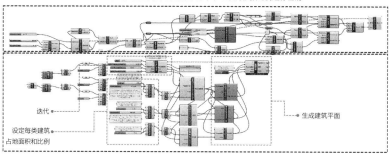

二分裂式，设定各类建筑形状大小，在地块内根据比例进行密铺

迭代

设定每类建筑占地面积和比例

生成建筑平面

使用动态城市模型，设定每类建筑占地面积和比例生成建筑

生成建筑

1. 后海建筑尺度对应云谷村需求统计图

根据云谷村对不同建筑尺度的需求，对应后海的建筑尺度进行数据统计。

云谷村建筑尺寸统计表1

居住						
形制	层数	户型	单户面积	合院面积	满足需求类型	
杂院（四合）	1层	一室一厅一卫	30m²	120m²	1-2人×4	
杂院（独栋）	1层	两室一厅一卫	90m²	90m²	2-3人×1	流动人口
杂院（四合）	1层	两室一厅一卫	50m²	200m²	2-3人×4	
三合院	1层	三室一厅一卫	120m²	240m²	3-5人×2	
三合院	1层	两室一厅一卫	65m²	195m²	2-3人×3	常住人口
四合院	1层	三室一厅一卫	150m²	300m²	3-5人×2	

云谷村建筑尺寸统计表2

商铺（含外摆面积）		
尺寸	层数	合院面积
5m×6m	1层	30m²
3.5m×12m	1层	42m²
12m×5m	1层	60m²

云谷村建筑尺寸统计表3

商住混合				
形制	层数	单户面积	合院面积	满足需求类型
三合院（一间）	1层	65m²	195m²	2-3人×3
四合院（一间）	1层	50m²	150m²	2-3人×3

云谷村建筑尺寸统计表4

公共建筑		
形制	尺寸	数量
停车场	20m×50m	3个
医院	40m×40m	1个
卫生所	12m×10m	3个
幼儿园	60m×60m	2个
小学	60m×80m	1个

2. 城中村户数总量统计

根据流动人口与常住人口所需求的户型比例，带入2030年人口预测，计算出2030年所需建筑户型数量。

云谷村现有户型统计表

需求	个数	比例	类型	人数		比例	分类户数	分类总户数
1-2人	106297	26%	流动	1213	1213	100%	874	874
2-3人	153542	37%	流动	222	2188	10%	74	729
			常住	1966		90%	655	
3-5人	153540	37%	流动	120	2205	5%	40	595
			常住	2085		95%	555	
总数	413379	100%	—		5606	—	2198	2198

云谷村未来户型统计表

户型						合院数量	合院数量占比	长×宽	最小合院数量（一层）
杂院（四合）	1层	一室一厅一卫	30m²	120m²	1-2人×4	218	18%	14m×15m	90
杂院（四合）	1层	两室一厅一卫	50m²	200m²	2-3人×4	19	2%	16m×17m	7
杂院（独栋）	1层	两室一厅一卫	90m²	90m²	2-3人×1	655	55%	9m×10m	268
三合院	1层	三室一厅一卫	120m²	240m²	3-5人×2	20	2%	15m×18m	8
四合院	1层	三室一厅一卫	150m²	300m²	3-5人×2	277	23%	18m×18m	113
—						1189	100%	—	486

3. 建筑类型和数量预测

根据后海不同地块的建筑比例，带入云谷村计算出不同地块不同建筑类型以及建筑户型的数量。

一级地块：公共建筑29% + 商铺13% + 住宅58%；

二级地块：公共建筑23% + 商铺10% + 住宅67%；

三级地块：商铺18% + 住宅82%。

建筑类型与数量预测表

商铺				三级地块数量	二级地块数量	一级地块数量
5m×6m×5m	54	30m²	11%	17	18	19
3.5m×12m×3m	66	47m²	21%	13	21	32
12m×5m×3m	22	60m²	9%	8	6	8
商住混合				三级地块数量	二级地块数量	一级地块数量
16m×16m	24	195m²	32%	4	8	12
12m×15m	27	150m²	27%	2	15	10
住宅				三级地块数量	二级地块数量	一级地块数量
14m×15m	90	120m²	18%	10	50	30
16m×17m	7	200m²	2%	7	0	0
9m×10m	268	90m²	55%	33	135	100
15m×18m	8	240m²	2%	8	0	0
18m×18m	113	300m²	23%	6	57	50

4. 建筑生成规则

建筑与周边关系规则设定表

	总数/个	与周边房屋数量比值	与周边房屋距离范围/m	与周边商铺数量比值	与周边商铺距离范围/m	与周边公共建筑数量比值	与周边公共建筑距离范围/m
住宅	486	78%	0-2	17%	0-6	5%	0-4
商铺	195	33%	0-6	56%	0-1	11%	0-6
公共建筑	9	49%	0-4	32%	0-6	19%	3-8

生成沿街商铺，设置吸引子，规定：一级道路> 二级道路> 三级道路> 四级道路。

住宅设置吸引子，规定：四级道路> 三级道路> 二级道路> 一级道路。

一级地块：公共建筑6个+商铺83个+住宅180个；二级地块：公共建筑 3个+商铺 68个+住宅242个；三级地块：商铺 44个+住宅64个。

住宅周边78%概率生成间隔0-2m的房屋；17%概率生成间隔0-6m的商铺；5%概率生成间隔0-4m的公共建筑。

商铺周边33%概率生成间隔0-6m的住宅；56%概率生成间隔0-1m的商铺；11%概率生成间隔0-6m的公共建筑。

公共建筑周边49%概率生成间隔0-4m的住宅；32%概率生成间隔0-6m的商铺；19%概率生成间隔3-8m的公共建筑。

5.云谷村新平面生成

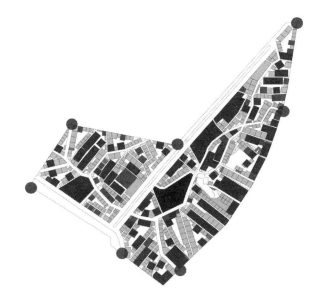

扫码读图

云谷村新平面生成

3.5 初始设计（多方案比较）

3.5.1 初始规则设计

1. 房屋间隔的普遍数据设定元胞规则

住宅	（2，2，3）
商业	（0，0，3）

2. 使用不同功能的房屋间隔的数据设定、元胞规则

住宅

杂院（四合）120m²	（2，2，3）
杂院（四合）200m²	（2，2，3）
杂院（独栋）90m²	（1，3，4）
三合院120m²	（2，3，4）
四合院150m²	（2，3，3）

商业

商铺30m²	（0，0，3）
商铺47m²	（1，1，3）
商铺60m²	（1，0，3）
商住混合（三合院）195m²	（2，0，3）
商住混合（四合院）150m²	（1，0，3）

3. 公共建筑根据后海视线焦点250-500m辐射范围设定规则

公共建筑（16，16，9）

250m　　　　　　　500m

4. 多方案比较元胞规则设定情况

普遍数据设定元胞规则与公共建筑根据后海视线设定规则结合，不同功能的房屋间隔数据设定元胞规则与公共建筑根据后海视线设定规则结合，进行多方案比较。

3.5.2 多方案比较

方案一   方案二

方案三

方案四（最终方案）

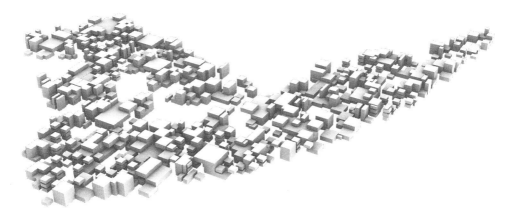

方案选择标准：
满足任务书要求，完成云谷村的更新；
生成规则接近后海复杂的城市肌理；
生成形态更符合城市的肌理；
建筑分布合理，遮挡较少，采光充足。

3.6 涌现与模式

让步规则

一层：公共建筑＞商业＞住宅
二层、三层：公共建筑＞住宅＞商业

| 1F | 当商业、住宅重合，住宅为商业让步 | 2F-3F | 当商业、住宅重合，商业为住宅让步 |

让步规则

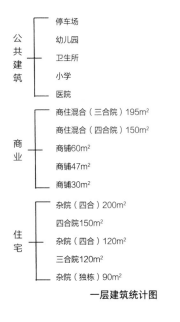

一层建筑统计图

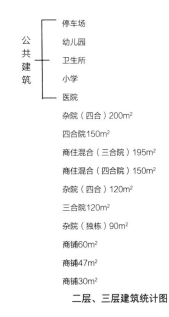

二层、三层建筑统计图

数字生形

1. 元胞置入场地规则

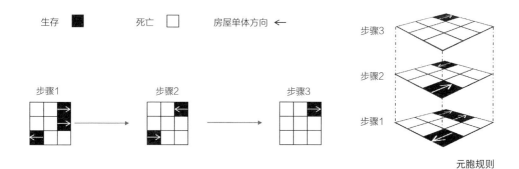

生存 ■   死亡 □   房屋单体方向 ←

步骤1 → 步骤2 → 步骤3

步骤3
步骤2
步骤1

元胞规则

2. 最终方案

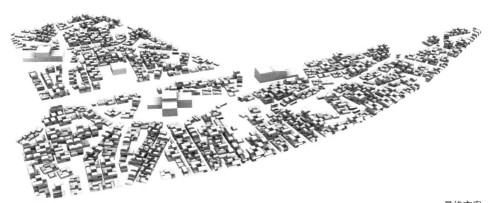

最终方案

3.7 基本原型设计

3.7.1 基本原型

1. 房屋

杂院（独栋）90m²　　三合院120m²　　杂院（四合）120m²　　四合院150m²　　杂院（四合）200m²

2. 商业

商铺47m²　　商铺30m²　　商铺60m²　　商住混合（四合院）150m²　　商住混合（三合院）195m²

3. 基本原型替换

基本原型替换

3.7.2 算法生形后云谷村技术经济指标

场地面积
187000m²

建筑占地面积
134640m²

总建筑面积
326606m²

回迁面积
116690m²

住宅面积
215326m²

商业面积
35038m²

公共建筑面积
76242m²

容积率
1.75

建筑密度
72%

建筑层数

住宅和商业
1-3层

公共建筑
1-5层

绿地率
28%

建筑高度

住宅和商业
不超过12m

公共建筑
不超过15m

3.8 方案

1.爆炸图

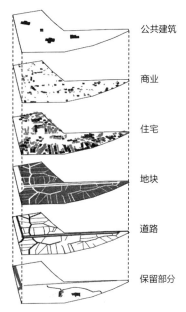

公共建筑

商业

住宅

地块

道路

保留部分

爆炸图

2.总平面图

扫码读图

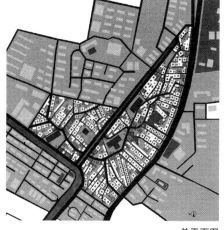

总平面图

3.道路与地块图

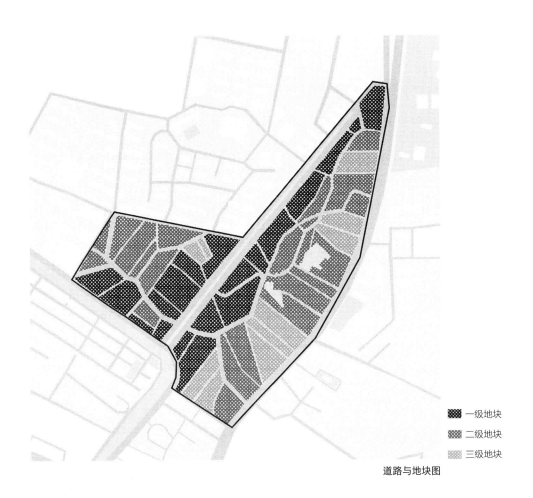

一级地块

二级地块

三级地块

道路与地块图

4.鸟瞰图

鸟瞰图

5.效果图

效果图

街坊/算法生形宋刘村

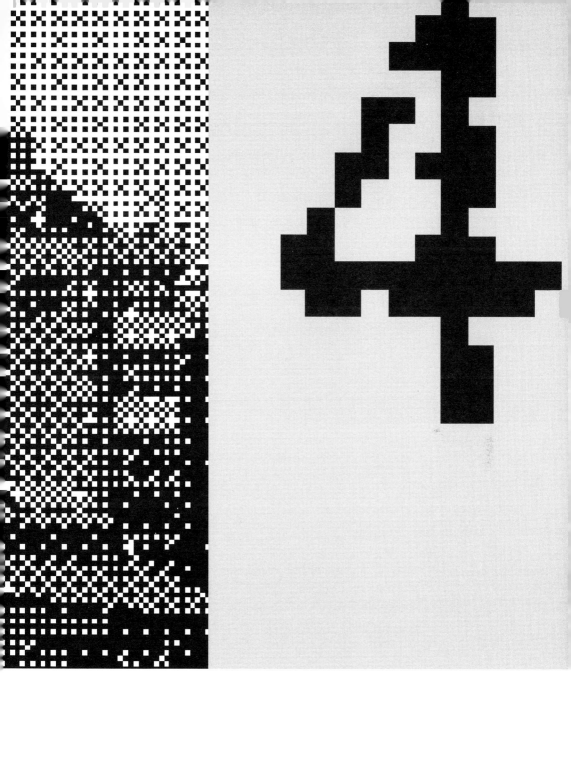

4.1 类比与参数化

4.1.1 街坊定义

定义：城市中以道路或自然界线（如河流）划分的居住生活区。
根据后海整体布局，将道路作为划分街坊的依据，通过道路之间的围合关系，划分出不同等级的街坊。

1.根据不同道路类型，将后海划分为四个不同等级的道路

一级道路：主干道；
二级道路：街道；
三级道路：胡同；
四级道路：小巷。

2.根据各级道路所围合的范围，将后海划分为四个不同等级的街坊

一级街坊；
二级街坊；
三级街坊；
四级街坊。

在进一步整理等级的过程中，发现每级街坊由于区域面积不同，会造成不同的分级。在分级过程中，它并不是一个直系的衍生关系。

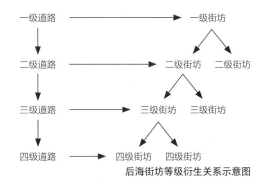

```
一级道路 ——▶ 一级街坊
   │            │
   ▼            ▼
二级道路 ——▶ 二级街坊
   │            │
   ▼            ▼
三级道路 ——▶ 三级街坊
   │            │
   ▼            ▼
四级道路 ——▶ 四级街坊
```
后海街坊生成逻辑图

```
一级道路 ———————————————▶ 一级街坊
   │                          ╱    ╲
   ▼                         ╱      ╲
二级道路 ——————————▶ 二级街坊   二级街坊
   │                     ╱    ╲
   ▼                    ╱      ╲
三级道路 ————————▶ 三级街坊   三级街坊
   │                ╱    ╲
   ▼               ╱      ╲
四级道路 ————————▶ 四级街坊   四级街坊
```
后海街坊等级衍生关系示意图

4.1.2 面积类比

1. 测量各级街坊的区域面积（按m²统计）

2. 将各级街坊面积细分为大、中、小三个面积区间

3. 分别计算大、中、小三个面积区间平均值

4. 计算三个面积区间平均值的比值

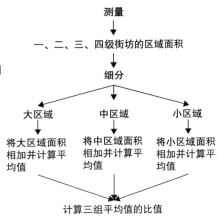

后海街坊面积分类规则

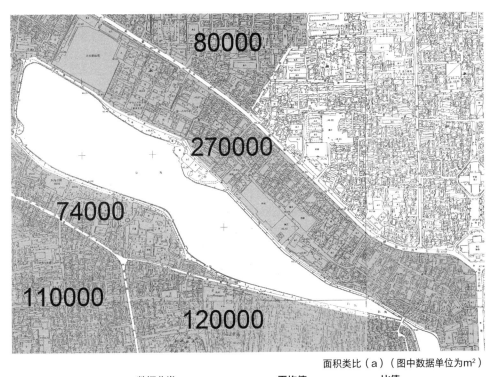

面积类比（a）（图中数据单位为m²）

数据分类		平均值	比值
一级街坊数据	270000（>200000）	270000	7 : 3 : 2
	110000 120000（100000-200000）	115000	
	80000 74000（<100000）	77000	

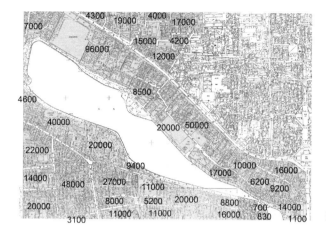

面积类比（b）（图中数据单位为m²）

数据分类

平均值　　　　比值

二级街坊数据

50000 96000 40000 48000 20000
22000 27000 20000 20000 20000（>20000）
19000 17000 15000 12000 11000 10000
16000 16000 14000 11000 17000 14000（10000-20000）
7000 4300 4000 4600 1100 5200 3100 700 830（<10000）

36000
14000　　→　　10：4：1
3500

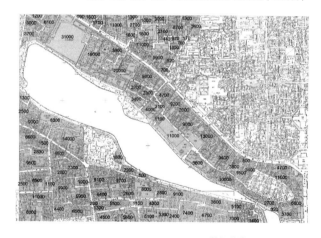

面积类比（c）（图中数据单位为m²）

数据分类

三级街坊数据

31000 20000 19000 14000 11000 11000 13000
11000 11000 11000 10000 9800 9400
9200 9700 9500 9000 9000 9100（>9000）

8700 7300 7400 8900 8000 8000 8100
7000 6100 6700 6900 6500 5800 4700
4600 4400 5500 5600 4800 4700 5600
5100 5100 4300（4000-9000）

1200 1800 1700 1300 3000 2700
3000
3700 2500 2800 1600 3400 1300
1000
2100 1600 1300 2700 3400 3900
2300
3700 2500 1500 2800 1300 2100
2000
2200 1900 3800 2700 3400 1600
1100
1100 2600 1400 1800 2800 2400
3300 3600 1100 800 590
440 970 520 760 170 700
600 200 320（<4000）

平均值
15000
6300　　→　　6：3：1
2200

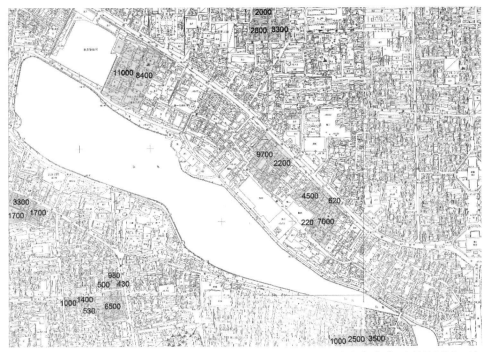

面积类比（d）（图中数据单位为m²）

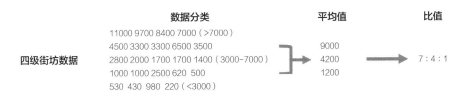

	数据分类	平均值	比值
	11000 9700 8400 7000（>7000）		
	4500 3300 3300 6500 3500	9000	
四级街坊数据	2800 2000 1700 1700 1400（3000-7000）	4200	7：4：1
	1000 1000 2500 620 500	1200	
	530 430 980 220（<3000）		

一级街坊总面积：二级街坊总面积：三级街坊总面积：四级街坊总面积

=9：7：5：1

4.1.3 数量类比

一级街坊共5个
大：1个
中：2个
小：2个

二级街坊共31个
大：10个
中：12个
小：9个

三级街坊共100个
大：20个
中：24个
小：56个

四级街坊共23个
大：4个
中：10个
小：9个

各级街坊数量

4.1.4 节点类比

在街坊的定义中，道路对街坊的大小和形状干预最明显，提取各级道路连接点，作为节点，同样划为四个等级。

在道路的基础上进一步细化街坊定义。

扫码读图

● 一级节点
● 二级节点
● 三级节点
· 四级节点

节点类比

4.1.5 距离类比

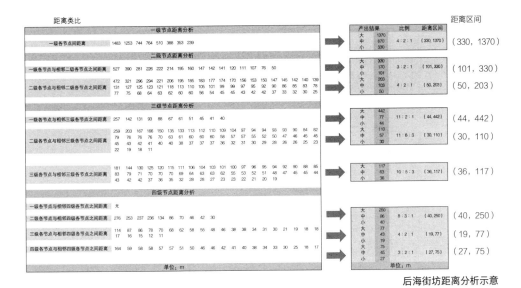

后海街坊距离分析示意

4.1.6 角度类比

一级道路、二级道路和其所在道路的垂直方向会有0°-25°的角度偏移。

角度类比

通过
各级道路倾斜数量÷各级道路总数

计算出
一级道路倾斜概率为12%
二级道路倾斜概率为15%

4.2 规则设计

1　自定义一级道路，以一级道路端点为初始一级节点
一级节点沿所在道路再一次生成一级节点
相邻节点连接形成一级道路，所围合的空间为**一级街坊**

2　已生成一级节点，沿街道的垂直方向生成二级节点
二级节点沿所在道路再一次生成二级节点
相邻节点连接形成二级道路，所围合的空间为**二级街坊**

3　已生成二级节点，沿街道的垂直方向生成三级节点
三级节点沿所在道路再一次生成三级节点
相邻节点连接形成三级道路，所围合的空间为**三级街坊**

4　已生成三级节点，沿街道的垂直方向生成四级节点
四级节点沿所在道路再一次生成四级节点
相邻节点连接形成四级道路，所围合的空间为**四级街坊**

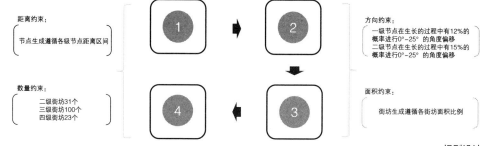

距离约束：
节点生成遵循各级节点距离区间

数量约束：
二级街坊31个
三级街坊100个
四级街坊23个

方向约束：
一级节点在生长的过程中有12%的概率进行0°-25°的角度偏移
二级节点在生长的过程中有15%的概率进行0°-25°的角度偏移

面积约束：
街坊生成遵循各街坊面积比例

规则设计

一级街坊、二级街坊、三级街坊、四级街坊依次生成的方法：
首先遵循距离约束生成节点，同时加入方向约束控制节点的旋转角度；在节点生成后，将相邻节点连接形成围合街坊，可以有效地控制街坊的形状；再加入面积约束和数量约束，控制街坊的大小和数量；最后形成一个完整的街坊网格。

4.3 田野考察：宋刘村

4.3.1 场地内情况分析

1. 概述

宋刘村占地面积：约为58万m²。
宋刘村大多是在城里打工的外来务工人员在此租房，也有刚毕业的学生。

2. 居住人群

常住人口约为88000人，流动人口约为13000人，村里本地居民只有2216人。

3. 功能分析

宋刘村基本是一个独立于城市的完整小社会，几乎拥有一个城市所有的职能：诊所、书店、夜宵店、KTV、饭馆、服装店、超市、自助洗衣店、幼儿园、小学等。

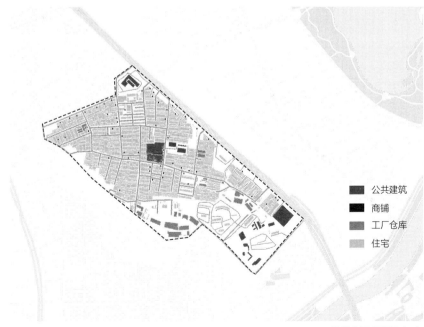

■ 公共建筑
■ 商铺
■ 工厂仓库
■ 住宅

场地内情况分析（a）

4.3.2 人口密度分析

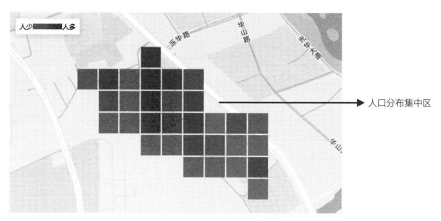

人口密度分析（a）

宋刘村人口统计与预测表

年份	常住人口	流动人口	增长率
2008年	31000	4970	—
2012年	65000	10010	109%
2017年	80000	13000	23%
2022年	88000	14690	10%
2027年	91500	15570	4%
2032年	93600	15840	2.30%

注：数据根据红黑人口库人口普查进行推测。

1. 过去及现在人口统计

2008年：31000人
2012年：65000人
2017年：80000人
2022年：88000人

2.2027—2032年人口预测

2027年：91500人
2032年：93600人

回迁人数

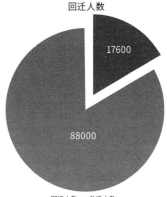

17600

88000

■ 回迁人数 ■ 外迁人数

人口密度分析（b）

根据济南2017年拆迁数据统计：宋刘村共拆迁11658户，需要外迁人数12万，回迁人数2.4万，回迁率20%。

按回迁比例20%来推算宋刘村88000人中回迁人数约17600人，回迁户数约7619户；
根据预测2027—2032年的新增人口为3500-5600人，预测宋刘村2027—2032年新住户的住宅总数约为1515-2324户。

4.3.3 建筑需求类型

居住：商住混合、自住、外租房、旅店；
回迁：自住；
商业：商铺、大厦；
公共建筑：教育建筑、体育馆、公园。

4.3.4 红线周边的主要机动车道路的连接点

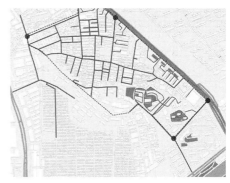

红线周边的主要机动车道路的连接点

4.3.5 场地内设计的初始条件

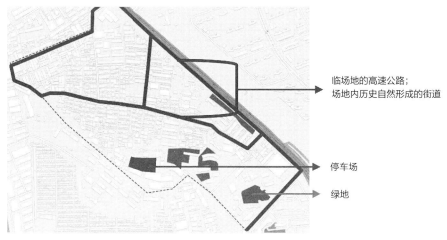

临场地的高速公路；
场地内历史自然形成的街道

停车场

绿地

场地内设计的初始条件

4.3.6 宋刘村保留建筑的功能与尺度

1.宋刘小学
占地面积：约6632m²；
建筑面积：约4320m²。

内部主要建筑为4层高的教学楼；
教学班 12个；
在校生 502人。

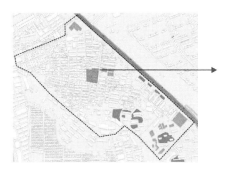

宋刘小学位置与现状图

2.将军大厦

占地面积：约3400m²；

建筑面积：约30000m²；

建筑层高：23层。

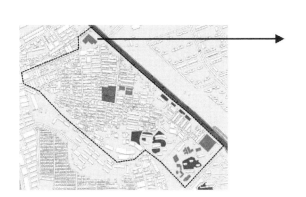

将军大厦位置与现状图

3.体育训练基地

占地面积：约6400m²；

建筑面积：约12800m²；

建筑层高：2层。

体育训练基地位置与现状图

后海人口规模

总人口	常住人口64.57%	流动人口35.43%
10633人	**6866**人	**3767**人

后海建筑规模

住宅尺度
四合院：18m×18m，
三合院10.8m×14m

公共建筑尺度
长33-168m
宽23-103m

商业建筑尺度
长6-39m
宽4-18m

总占地面积
86万m²

建筑占地面积
64.5万m²

4.3.7　明确城中村更新设计的技术经济指标

总占地面积
58万m²

建筑占地面积
44.6万m²

总建筑面积
506万m²

回迁面积
63.36万m²

商业面积
后海**66471m²**
城中村**45979m²**
人均**6.2m²**

公共建筑面积
后海**144594m²**
城中村**99111m²**
人均**12m²**

住宅面积
后海**408385m²**
城中村**297333m²**
人均**36m²**

容积率
8.7

建筑密度
76%

绿地率
20%

建筑层数

住宅
11层

商业
12层

公共建筑
11层

建筑高度

不超过40m

4.4 算法

4.4.1 路网算法基础逻辑

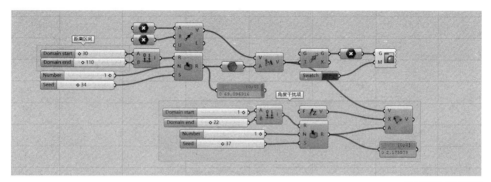

路网算法基础逻辑

数量与面积约束

宋刘村面积：后海面积=1：1.2

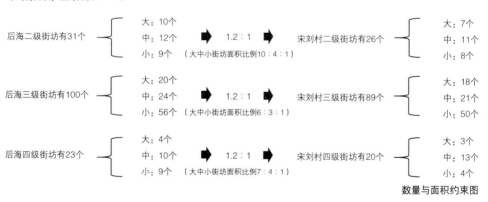

数量与面积约束图

数字生形

1. 算法初始条件

保留宋刘村内绿化、一些公共建筑、停车场、一条次要道路和一条斜跨整个村子的主要道路。
以各条道路与机动车道路的连接点、村内中心枢纽点为初始一级节点。

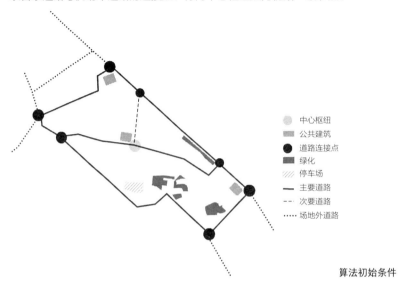

中心枢纽
公共建筑
道路连接点
绿化
停车场
主要道路
次要道路
场地外道路

算法初始条件

2. 一级街坊生成

自定义一级节点,通过连接一级节点生成一级街坊。

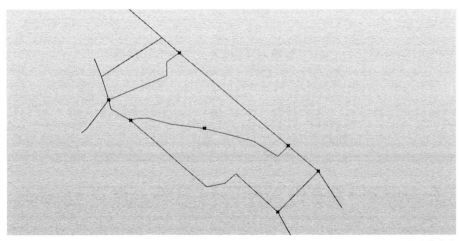

一级街坊生成

3. 二级街坊生成

以一级节点为基础，生成二级节点（101，330），一级节点生成二级节点距离区间，再以二级节点为基础生成二级节点（50，203），二级节点生成二级节点距离区间。

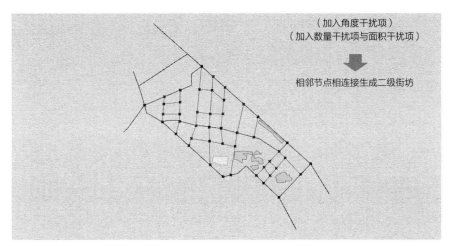

（加入角度干扰项）
（加入数量干扰项与面积干扰项）

相邻节点相连接生成二级街坊

二级街坊生成

4. 三级街坊生成

以二级节点为基础，生成三级节点（30，110），二级节点生成三级节点距离区间，再以三级节点为基础生成三级节点（36，117），三级节点生成三级节点距离区间。

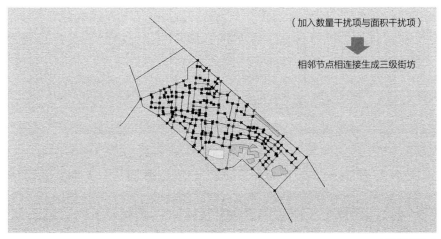

（加入数量干扰项与面积干扰项）

相邻节点相连接生成三级街坊

三级街坊生成

5. 四级街坊生成

以三级节点为基础，生成四级节点（19，77），三级节点生成四级节点距离区间，再以四级节点为基础生成四级节点（27，75），四级节点生成四级节点距离区间。

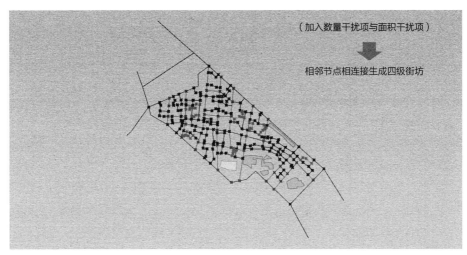

（加入数量干扰项与面积干扰项）

相邻节点相连接生成四级街坊

四级街坊生成

6. 生成结果

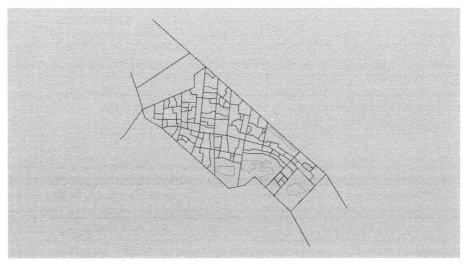

生成结果

4.4.2　道路宽度设置

城市环线宽33m；
一级道路宽7m；
二级、三级道路宽5m；
四级道路宽3m。

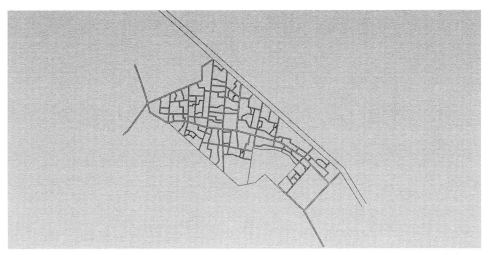

道路宽度设置

4.4.3　建筑范围退让2m后结果

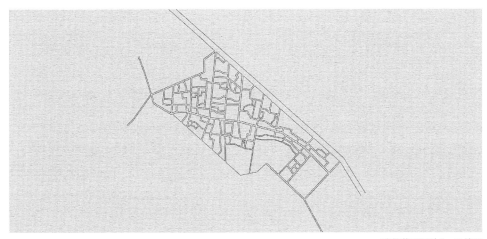

建筑范围退让2m后结果

4.5 初始设计

4.5.1 元胞规则1

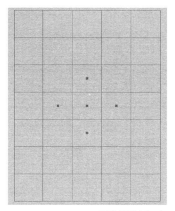

元胞规则1（a）

用四边形网格作为基本元胞，设置初始点，根据（2,1,3）规则生成单元体。

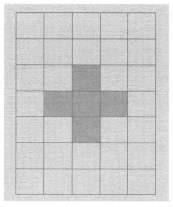

元胞规则1（b）

根据所设点位，进行元胞迭代，生成的元胞大部分在网格中间部分，与住宅所需要的私密特性相匹配，故所生成的单元体用作居住功能。

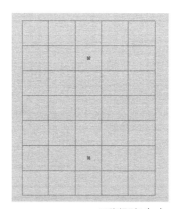

元胞规则1（c）

用四边形网格作为基本元胞，再次设置初始点，根据（2,1,3）规则生成单元体。

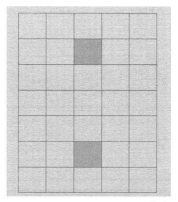

元胞规则1（d）

根据所设点位，进行元胞迭代，生成的元胞大部分在网格边缘部分，与商业建筑临街特性相匹配，故所生成的单元体用作商业功能。

将商业和居住元胞叠加，形成总的元胞迭代，灰色元胞是重合部分，我们将其同化为居住功能的元胞。

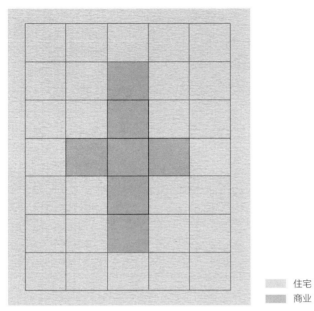

住宅
商业

元胞规则1（e）

涌现生成元胞规则1

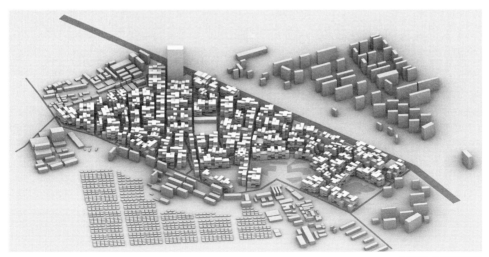

涌现生成元胞规则1

4.5.2 元胞规则2

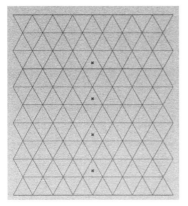

元胞规则2（a）

用三角形网格作为基本元胞设置初始点，根据（2,1,3）规则生成单元体。

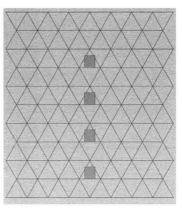

元胞规则2（b）

根据所设点位，进行元胞迭代，生成的元胞大部分在网格中间部分，与住宅所需要的私密特性相匹配，故所生成的单元体用作居住功能。

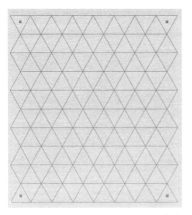

元胞规则2（c）

用三角形网格作为基本元胞，再次设置初始点，根据（2,1,3）规则生成单元体。

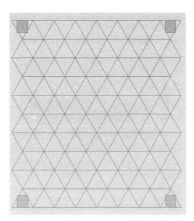

元胞规则2（d）

根据所设点位，进行元胞迭代，生成的元胞大部分在网格边缘部分，与商业建筑临街特性相匹配，故所生成的单元体用作商业功能。

将商业和居住元胞叠加，形成总的元胞迭代，灰色元胞是重合部分，我们将其同化为居住功能的元胞。

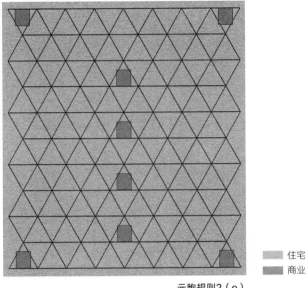

住宅
商业

元胞规则2（e）

涌现生成元胞规则2

涌现生成元胞规则2

4.5.3　元胞规则3

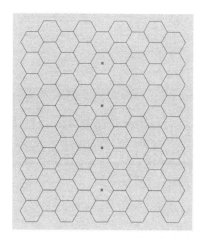

元胞规则3（a）

用六边形网格作为基本元胞，再次设置初始点，根据（2,1,3）规则生成单元体。

元胞规则3（b）

根据所设点位，进行元胞迭代，生成的元胞大部分在网格中间部分，与住宅所需要的私密特性匹配，故所生成的单元体用作居住功能。

元胞规则3（c）

用六边形网格作为基本元胞，再次设置初始点，根据（2,1,3）规则生成单元体。

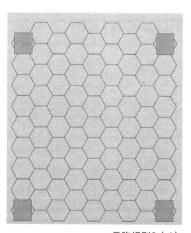

元胞规则3（d）

根据所设点位，进行元胞迭代，生成的元胞大部分在网格边缘部分，与商业建筑临街匹配，故所生成的单元体用作商业功能。

将商业和居住元胞叠加，形成总的元胞迭代，灰色元胞是重合部分，我们将其同化为居住功能的元胞。

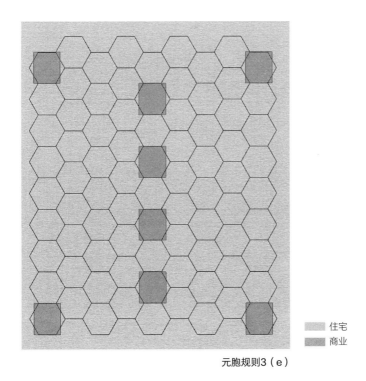

住宅
商业

元胞规则3（e）

涌现生成元胞规则3

涌现生成元胞规则3

4.5.4 算法生形后宋刘村技术经济指标

宋刘村综合技术经济指标表

项目	数值	单位	备注
总面积	58万	m²	
红线内总面积	43万	m²	
总建筑面积	50.9万	m²	>506000
建筑高度	40	m	<40
建筑层数	11-12		
建筑密度	70%		
容积率	11		
绿地率	20%		

4.6 涌现与模式

涌现一

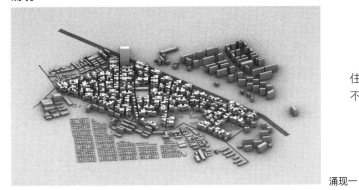

住宅迭代次数少，层数达
不到任务书要求。

涌现一

涌现二

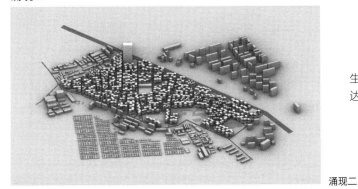

生成建筑松散，建筑面积
达不到任务书要求。

涌现二

涌现三

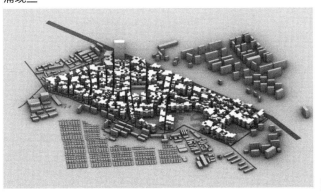

生成建筑符合任务书要求。

涌现三

代入城中村户型

户型（a）

户型（b）

户型（c）

户型（d）

4.7 基本原型设计

4.7.1 单元体设计

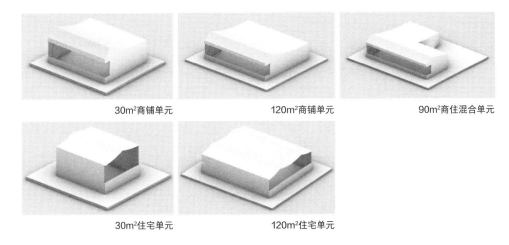

30m²商铺单元　　　　　　120m²商铺单元　　　　　　90m²商住混合单元

30m²住宅单元　　　　　　120m²住宅单元

4.7.2 原型替换后涌现结果

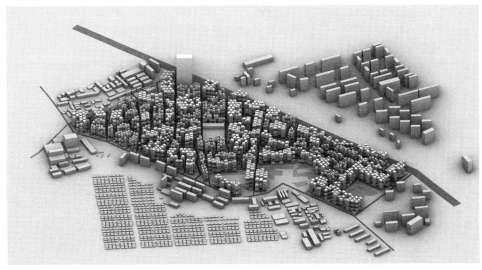

原型替换后涌现结果

4.8 方案

1.总平面图

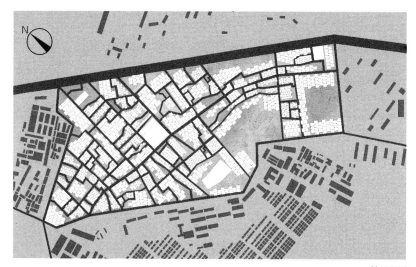

总平面图

2.局部街坊平面图

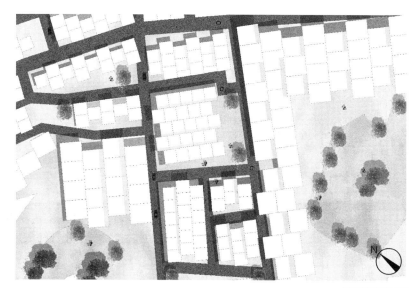

局部街坊平面图

3.效果图

效果图（a）

效果图（b）

围合/算法生形金盏乡村

5.1 类比与参数化

5.1.1 判定条件

1.将整个后海地区的所有空间分成四种类型

①公共：公共景观、历史遗址、公共用地；
②商业：沿街商铺，混合式商铺；
③居住：四合院，杂院，独立社区；
④行政、文化、办公：政府部门、学校、公司。

2.按照标准四合院围合形式对四个功能围合区域进行划分与归纳

后海地区的围合空间分为规则和不规则两种形态。
①规则形态围合
规则形态围合空间的组成方式可分为院落式和非院落式两种。院落式的围合空间在后海地区可分为
一进围合、二进围合、三进围合和四进围合，其中一进围合、二进围合由住宅或商铺围合而成，三
进围合、四进围合的情况只在文化景区出现；非院落形态的围合中具有代表性的是沿街商铺形成
的条状空间。
②不规则形态围合
不规则形态围合是后海最大面积的围合形式，主要由杂院围合而成。

5.1.2 不同类型围合示意

1. 院落形态围合示意

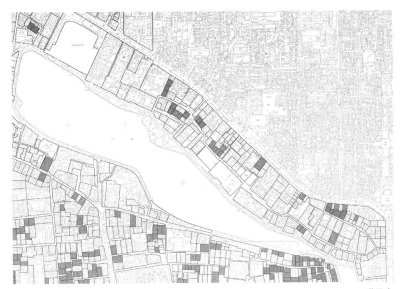

一进围合

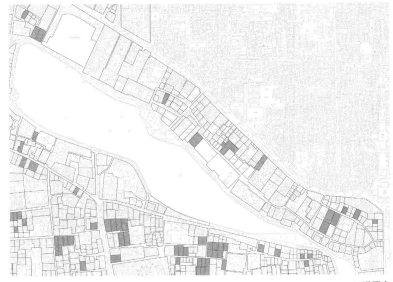

二进围合

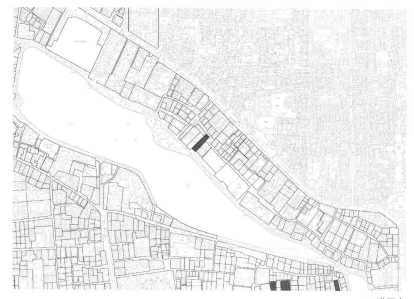

三进围合

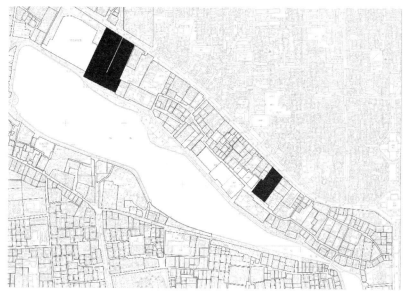

四进围合

四进围合很少，仅有广化寺等。

2. 非院落形态围合示意

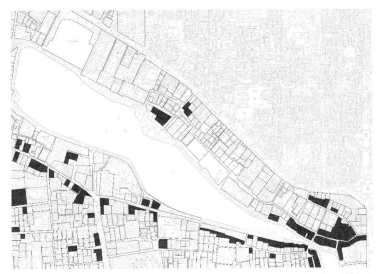

非院落形态围合位置图

3. 不规则形态围合示意

杂院围合是不规则围合形式之一，也是后海最大面积的围合形式。

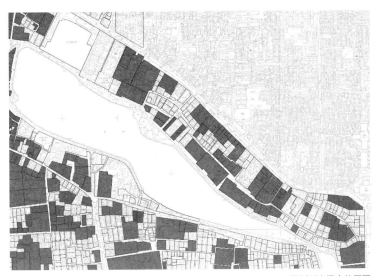

不规则形态围合位置图

5.1.3 参数化

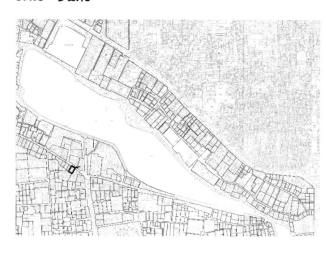

将标准的四合院围合单元的面积作为模数"1"

模数"1"的面积为400m²

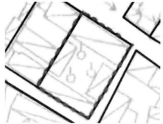

围合单元模数示意图

对所有围合区块进行面积测量，再用所得面积除以标准值（400m²），所得的结果即为该围合区块面积模数值。

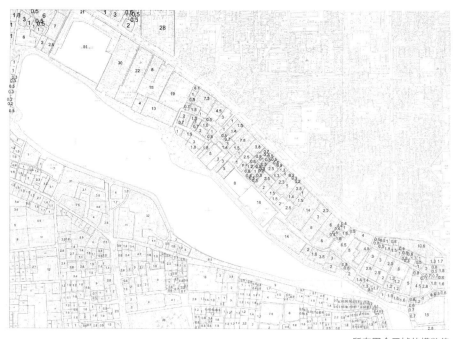

所有围合区域的模数值

5.2 规则设计

用湖面和主干道对整个区域进行划分，得出了A、B、C三种整体围合区域。在这三个区域中再对该区域的数据进行分析。

将三组数据的分析结果进行对比，更加准确地得出各个功能分区面积比、长宽比的理想值。

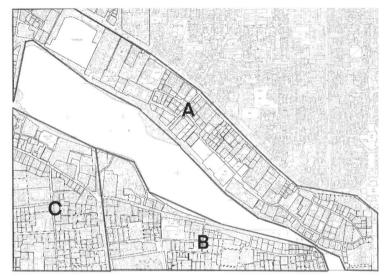

规则设计

通过统计各个功能区围合的面积模数值，得出总面积模数，并计算出不同功能区域围合中的面积占比。之后，对各个功能区所有围合的长宽比进行统计与分析，得出了每个功能区的理想长宽比，将其作为后续规则设计的条件。

通过对数据的分析，初步制定出围合面积和长宽比的算法规则。

居住空间：墙院围合长宽比为7：5；
　　　　　　围合总面积应 ≥44%。

商业空间：墙院围合长宽比为13：10；
　　　　　　围合总面积应 ≥11%。

公共空间：墙院围合长宽比为7：3；
　　　　　　围合总面积应 ≥32%。

行政、文化、办公空间：墙院围合长宽比为3：2；
　　　　　　　　　　　　围合总面积应 ≥13%。

数字生形

在围合空间内部的规则设计中，对所有围合空间内部的房屋布局进行统计分析，筛选出以下后海围合地块中占比最高的12种布局形式，并按功能进行划分。

然后，选取围合空间的中心点，找出围合空间中建筑的中心点，得出下列图样的点位布置。

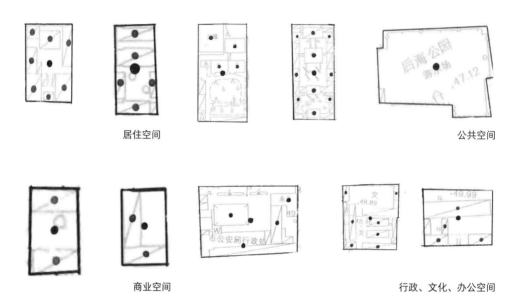

居住空间　　　　　　　　　　　　　　　　　　　　　　　　　　公共空间

商业空间　　　　　　　　　　　行政、文化、办公空间

把选取的建筑中心点与围合区域的中心点相连，得出了不同的规则形式布局。并且通过数据分析得出这些布局形式在各个功能空间围合区域中的面积占比。

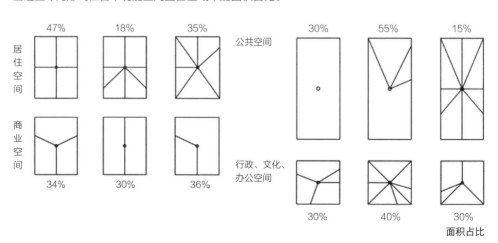

5.3 田野考察：金盏乡村

5.3.1 调研范围与各功能分布

1. 调研范围

找到村子周边的主路，并且移除周边的非城中村用地，得到如图所示的调研区域。

北京市朝阳区金盏乡调研范围

2. 居住功能分布图

居住功能分布图

3. 行政、文化、办公功能分布图

行政、文化、办公功能分布图

4. 商业功能分布图

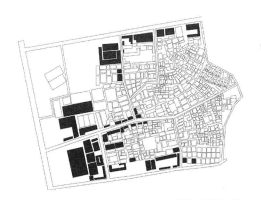

商业功能分布图

5. 公共区域

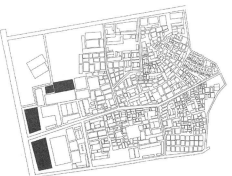

公共区域

5.3.2　明确金盏乡村更新设计的技术经济指标

现有人口数量

常住人口	流动人口	总用地面积
14700人	**5300**人	**213116m²**

过去5–10年

常住人口增长率	流动人口增长率
3.7%	**5.6%**

未来5–10年人口预测

常住人口增长率	流动人口增长率	常住人口回迁比例	户数
3.8%	**5.8%**	**76%**	**4813**户

新住户	预计总户数
283户	**不少于5100**户

建筑功能

居住（商品房）	居住（回迁房）	商业	公共建筑
平层两室一厅	两室一厅	平层商住混合	平层
一室一厅	三室两厅	跃层商住混合	
三室两厅	一室一厅		

1. 初始条件

保留内容：村内主路、主路旁的四合院住宅群。

2. 标出红线周边的主要机动车道路的连接点

连接点

3.原金盏乡村的公共建筑的功能与面积尺度

卫生服务中心：建筑总面积786.29m²；
老年活动中心：建筑总面积2191.2m²。

4.新的设计中重新规划设计的公共建筑面积尺度

以后海算法中所得出的公共建筑尺度与面积为标准，建筑墙院长宽比为7：3，面积应大于等于红线范围内建筑总面积的32%。

5.后海的人口比例与建筑尺度

后海测绘区域占地面积：867558.8m²；
后海测绘区域建筑占地面积：645000m²；
后海建筑尺度：四合院开间数量5-3-3-5；
　　　　　　　三合院开间数量3-3-3；
　　　　　　　正房开间模数3.6；
　　　　　　　厢房开间模数3.3；
　　　　　　　四合院：18m×18m；
　　　　　　　三合院：10.8m×14m。

6. 明确金盏乡村更新设计的技术经济指标

总用地面积	建筑占地面积总和		
213116m²	149181.2m²		
回迁面积	住宅面积	商业面积	公共建筑面积
76000m²	95902.2m²	23442.76m²	68197.12m²
容积率	建筑密度	绿地率	
1.23	56%	44%	

建筑层数

居住	公共	行政、文化、办公
1-2层	1-3层	2-5层

建筑高度

3.4-17m

5.4 算法

5.4.1 道路生成

根据任务书，保留一部分原有城中村，将原有城中村红线道路节点作为一级节点，道路生成算法生成一级道路、二级道路、三级道路，再依据生成道路进行调整。

一级道路　　　　　　　　二级道路　　　　　　　　三级道路

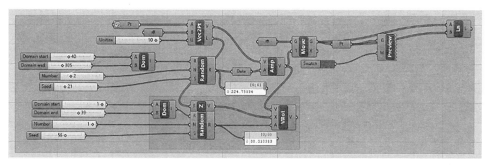

道路生成

5.4.2 建筑生成

通过先前算法和规则得出理想不规则形式布局，将不规则形式布局的连接线作为元胞初始的基本点，按照四合院布局规则来生成元胞，分别对居住空间、商业空间，公共空间，行政、文化、办公空间进行生成，作为初步设计。其中，每一个元胞活细胞均为符合规则制定的有理想长宽比和面积占比的理想围合体。根据不同功能的形式布局，连接线在红线范围内根据面积占比随机分布。

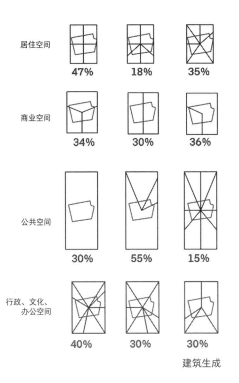

居住空间	47%	18%	35%
商业空间	34%	30%	36%
公共空间	30%	55%	15%
行政、文化、办公空间	40%	30%	30%

建筑生成

通过对数据的分析初步制定出的后海围合面积以及长宽比的算法规则。

居住空间：墙院围合长宽比为7：5；
　　　　　围合总面积应 ≥44%。
依据居住空间不规则形式布局布点，面积占比分别为47%、18%、35%。

商业空间：墙院围合长宽比为13：10；
　　　　　围合总面积应 ≥11%。
依据商业空间不规则形式布局布点，面积占比分别为34%、30%、36%。

公共空间：墙院围合长宽比为7：3；
　　　　　围合总面积应 ≥32%。
依据公共空间不规则形式布局布点，面积占比分别为30%、55%、15%。

行政、文化、办公空间：墙院围合长宽比为 3：2；
　　　　　　　　　　　围合总面积应 ≥13%。
依据行政、文化、办公空间不规则形式布局布点，面积占比分别为：40%、30%、30%。

5.5   初始设计（多方案比较）

5.5.1   元胞自动机规则设置

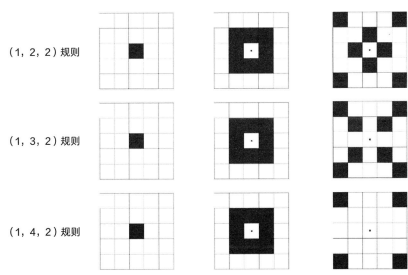

（1，2，2）规则

（1，3，2）规则

（1，4，2）规则

元胞自动机规则设置

5.5.2   规则生成方案

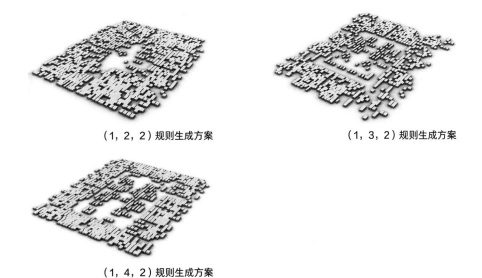

（1，2，2）规则生成方案

（1，3，2）规则生成方案

（1，4，2）规则生成方案

5.5.3　多方案比较

多方案比较1

在（1，2，2）规则下生成的金盏乡村建筑模型
中，可以看出整体的建筑密度过大，不符合任务书
中建筑密度的要求，并且各个功能区的结合比较混
乱，因此没有选择这个方案。

生成结果

多方案比较2

在（1，3，2）规则下生成的金盏乡村建筑模型
中，公共空间、商业空间的生成符合预期，但是居
住空间的生成过于少，不符合任务书中居住空间的
面积占比，并且办公空间过于松散，因此没有选择
该方案。

多方案比较3

在（1，4，2）规则下生成的金盏乡村建筑模型
中，可以看出整体的生成比较规则，组合起来后具
有很强的围合形式，并且建筑的分配上比较统一，
通过计算达到了任务书中的要求。

5.6 涌现与模式

5.6.1 道路深化

按照农村道路建设标准对生成的道路添加路宽。村内一级道路宽为6.4m，二级道路宽为4.5m，三级道路宽为3m。

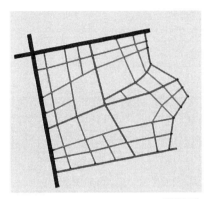

道路深化

5.6.2 功能区域划分

按照算法规则对各个道路之间的区块进行面积计算，并且通过对周边道路及环境分析确立各个功能区所在的位置。

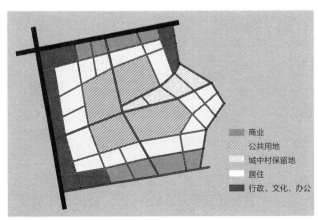

商业
公共用地
城中村保留地
居住
行政、文化、办公

功能区域划分

5.6.3 建筑功能面积

建筑功能面积表

	预计面积/m²	实际面积/m²
商业区	22660	21920
住宅区	90640	91784
公共区	65920	65710
行政、文化、办公区	26780	26700
总面积	206000	206094

5.6.4 建筑单体生成

根据任务书中对各个功能区高度的限制，结合之前规则中后海模型不同功能模块形式规则的点位设置，代入元胞自动机算法规则得到不同功能下的不同层数的单元模块。将不同空间模块代入到金盏乡村基本平面中，得到最终的金盏乡模型。

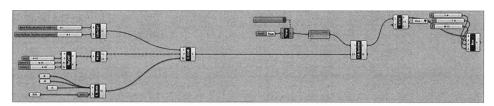

Grasshopper算法生成图

规则来源：

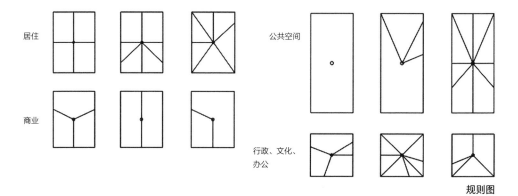

规则图

5.7　基本原型设计

5.7.1　居住空间模块

根据任务书中的层数限制条件（1-2层）以及基本居住模块限制得出以下模块，单层高度3.6m。

二层居住模块
元胞规则：（1，4，2）

一层居住模块1
元胞规则：（1，4，2）

一层居住模块2
元胞规则：（1，4，2）

5.7.2　商业空间模块

根据任务书中的层数限制条件（1-2层）以及基本商业模块限制得出以下模块，单层高度3.6m。

二层商业模块
元胞规则：（1，4，2）

一层商业模块1
元胞规则：（1，4，2）

一层商业模块2
元胞规则：（1，4，2）

5.7.3 行政、文化、办公空间模块

根据任务书中的层数限制条件（3-5层）以及基本行政、文化、办公模块限制得出以下模块，单层高度3.6m。

三层行政、文化、办公模块　　四层行政、文化、办公模块　　五层行政、文化、办公模块
元胞规则：（1，4，2）　　　　元胞规则：（1，4，2）　　　　元胞规则：（1，4，2）

根据所得功能分析图及户数要求，对生成的原始体块进行调整，并根据路网调整建筑方向。
然后根据所生成的建筑对原有的体块进行替换，得出下图所示模型。

 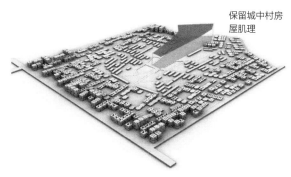

保留城中村房屋肌理

场地平面　　　　　　　　　　　　　　　　　　　　　场地鸟瞰

5.8 方案

1.道路与地块图

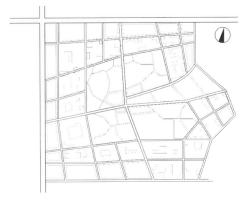

道路与地块图

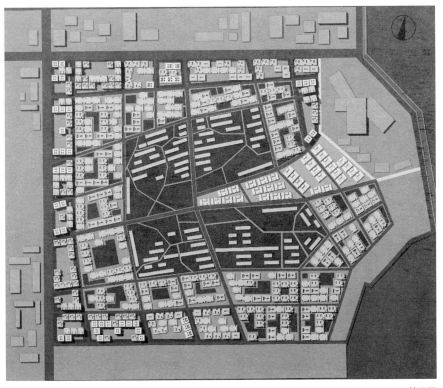

总平面

2.街坊平面图

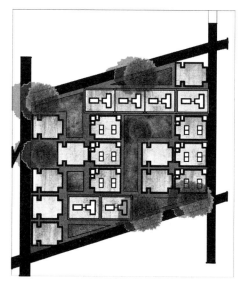

街坊平面图

3.功能分析图

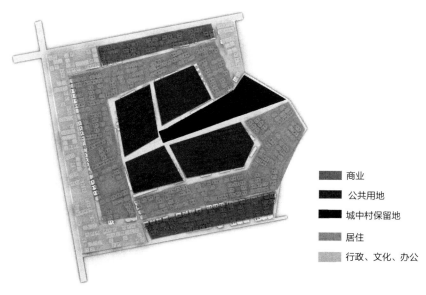

- 商业
- 公共用地
- 城中村保留地
- 居住
- 行政、文化、办公

功能分析图

4.鸟瞰图

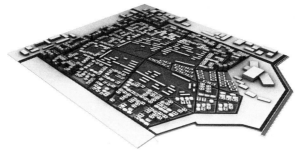

鸟瞰图

5.效果图

街区

近景图

开间/算法生形西大村

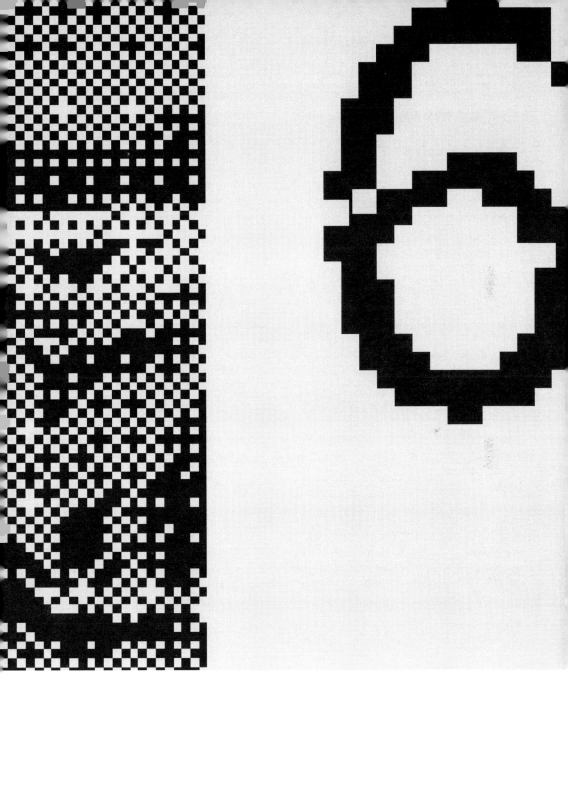

6.1 类比与参数化

6.1.1 建筑开间分布与区域关系

1. 住宅开间分布与区域关系

找出主要道路的街边转角，将其作为划分矩形区域的四个顶点，划分出8个区域。
依照每个矩形的中心点，边缘整体等比缩放2倍，划分出两个等级计算，寻找建筑数量与道路由外而内的分布的变化规律。

■ 四合院
□ 三合院

分布与区域关系（a）

后海地块开间统计表

场地1	一级开间	3-3-3-3 5-3-3-5 3-3-3- 3-3-3-5	5-3-3-5 3-3-3-3 5-3-3-3 3-3-3-	3-3-3-3 5-3-3-3 5-5-5-5 3-3-3-	3-3-3-3 3-3-3-3 5-3-3-	3-3-3-3 3-3-3-3 5-3-3-	5-3-3-3 5-5-5-5 3-3-3-	3-3-3-3 3-2-2-3 3-3-3-	
	二级开间	3-3-3-3	5-3-3-5	5-3-3-5	5-3-3-5	3-3-3-3	3-3-3-3	5-3-3-3	3-3-3-3
场地2	一级开间	5-3-3-3 5-3-3-5 5-3-3-3 3-3-3-	5-3-3-5 3-3-3-3 3-3-3- 3-3-3-	5-3-3-3 5-5-5-5 3-3-3-3 3-3-3-	3-3-3-3 3-3-3-3 3-3-3- 3-3-3-	3-3-3-3 3-2-2-3 3-3-3-	5-3-3-3	3-3-3-
	二级开间	3-3-3-	3-3-3-	3-3-3-	5-3-3-	5-3-3-5		
场地3	一级开间	3-3-3-3 5-3-3-3 5-3-3- 3-3-3-	5-3-3-5 5-3-3-3 5-5-5-	3-3-3-3 5-3-3-3 3-3-3-	5-5-5-5 3-3-3-3 3-5-5-	5-5-5-5 5-3-3-3 5-5-5-	5-3-3-3 5-5-5-5 3-2-2-	3-3-3-3 5-5-5-5 3-2-2-
	二级开间	3-3-3-3 5-3-3-	3-3-3-3 5-5-5-	5-5-5-5	5-5-5-5	3-3-3-3	3-3-3-3	3-3-3-3
场地4	一级开间	5-3-3-5 3-3-3-3	5-3-3-5 3-3-3-3	5-3-3-3 3--3-3	5-3-3-3 3--3-3	5--3-3 3-3-3	3-3-3 3-3-3	3-3-3 3-3-3
	二级开间	5-3-3-3	5-3-3-5	5-3-3-5	3--3-3			
场地5	一级开间	5-3-3-5 5--3-3 5--3-3 3-3-3-3	5-3-3-5 5--3-3 3--3-3	5-3-3-5 5-3-3-3 3--3-3	5-3-3-3 5--3-3 3-3-3	5--3-3 5--3-3 3-3-3	5-3-3-5 5-3-3-5 3--3-3	5-3-3-5 5--3-3 3-3-3
	二级开间	5-3-3-5	5-3-3-5	5--3-3	5--3-3		5--3-3	5--3-3
场地6	一级开间	3--3-3 3--3-3 5--3-3 5--3-3 5--3-3	3--3-3 3--3-3 3--3-3 5--3-3	5--3-3 5--3-3 5-3-3-5 5-3-3-5	3--3-3 5--3-3 5-3-3-5 5-3-3-5	3--3-3 5-3-3-5 5-3-3-5	3--3-3 5-3-3-5 5-3-3-5	3--3-3 5-3-3-5 5-3-3-5
	二级开间	5-3-3-5 3--3-3	5-3-3-5 5--3-3	5-3-3-5 3--3-3	5-3-3-5 5--3-3	5--3-3	5--3-3	5--3-3

注：表中数字是四合院的"正房-西厢房-东厢房-倒座"的开间数，空缺位置为无数据记录。

通过数据统计发现住宅四合院与三合院的开间数量由街道依次往内部递减，以2.19、3.3、2.5、3.3、2.8、2.8倍数递减，得出优化倍数：2.35。

住宅开间数量由主路路边从外向内以2.35倍数依次递减（三合院与四合院数量比例为4.17：1）。

2. 公共建筑和临街商铺开间分布与区域关系

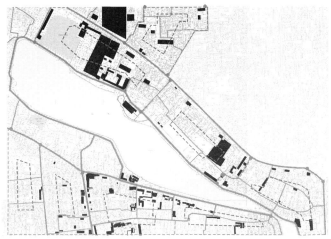

分布与区域关系(b)

后海地块开间递减倍数表

	公共建筑	开间数	递减倍数
场地一	一级开间 二级开间	110 12	9.1
场地二	一级开间 二级开间	98 18	5.4
场地三	一级开间 二级开间	50 15	3.3
场地四	一级开间 二级开间	66 21	3.1
场地五	一级开间 二级开间	45 6	7.6
场地六	一级开间 二级开间	176 19	9.2

通过数据统计,发现公共建筑的开间数量由街道依次往内部递减,以9.1、5.4、3.3、3.1、7.6、9.2倍数递减,得出优化倍数:6.2。
公共建筑与路边商铺开间数量由主路路边从外向内以6.2倍数依次递减。

6.1.2 开间数量与道路衍生关系

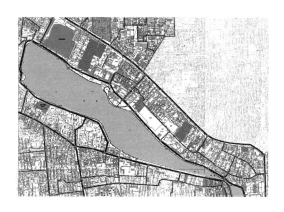

在场地内划分三个等级的道路，将道路路边的入口和转折点标记出来；

测量出不同等级道路入口转折点与临街建筑开间数量的关系；

优化数据最终得出三个等级的规律。

扫码读图

衍生关系

道路生长规律

根据统计道路边上住宅与公共建筑各自的开间数量，得出比例是

住宅：公共=3：1。

后海道路与开间关系表

道路等级	道路左/右	开间数据	平均数	平均数整合	参数优化
一级道路	道路1左	17 32 20 16 17 22 16 23 64 17 18 18 17 21 16	53	22	23
	道路1右	9 9 16 13 25 12 19	15		
	道路2左	无	无	21	
	道路2右	18 12 5 14 15 16 18 25 33 53 23 29 11 22 29 16	21		
	道路3左	20 17 12 23 16 20 44 42 58	26	26	
	道路3右	无	无		
二级道路	道路1左	无	无	22	16
	道路1右	22 19	21		
	道路2左	20 10 21 19	17	17	
	道路2右	无	无		
	道路3左	无	无	19	
	道路3右	13 24	19		
	道路4左	12 17	15	14.5	
	道路4右	14	14		
	道路5左	12 21 19	17	15.5	
	道路5右	12	12		
	道路6左	8 10 11 9	10	9.5	
	道路6右	11 7	9		
	道路7左	30 23 35	22	19.5	
	道路7右	17 19 15 11 21	17		
	道路8左	27 26 17	15	14.5	
	道路8右	17 12 11 12 11	13		
	道路9左	14 10 8 16	10	11.5	
	道路9右	16 8 16	13		
	渚路10左	11 12	12	16	
	道路10右	23 18	20		
三级道路	道路1左	15 24	20	19.5	22
	道路1右	20 18	19		
	道路2左	无	无	21	
	道路2右	18 24	21		
	道路3左	14 21 13	16	16	
	道路3右	无	无		
	道路4左	23 27 31 13 42 37 31 24 27 15	27	27	
	道路4右	23 27 31 13 42 37 31 24 27 15	27		

一级道路以平均每23个开间数量为定量生长出一条二级道路；

二级道路以平均每16个开间为定量生长出一条三级道路；

三级道路以平均每22个开间为定量生长出四级道路。

注：表中【平均数】计算数据按整数取值

6.2 规则设计

步骤	规则	新加设定

步骤	规则	新加设定
1.运用后海规律道路开间规则生长出主次道路	一级道路以平均23个开间为定量生长出二级道路 二级道路以平均16个开间为定量生长出三级道路 三级道路以平均22个开间为定量生长出胡同道路	添加道路宽度：设定一级道路宽15m，二级道路宽7m，三级道路宽4m
2.建筑衍生规则：根据道路分级场地划分为七大区域，进行去中心化设计	住宅开间数量由主路路边从外向内以2.35倍数依次递减（三合院与四合院数量比例为 4.17：1） 根据公共建筑与住宅建筑总体比率得出，路边商铺比住宅在同一范围内递减比例递增3倍（住宅：公共=3：1）	在场地中排布两种不同大小的元胞单元网格（四合院18m×18m与三合院10.8m×14m），根据原始平面设点的规则控制每片区域各户型的数量。若底层建筑数量比例未达到规则要求，建筑将垂直向上生长

新增规则		
3.添加新户型	根据西大村原场地居民一户两人情况较多，新增西大村场地内二合院与总住宅占比（0.5：1）	
4.绿化区域	根据运算后的每片区域的中心面积空地，添加各自区域中心绿化，总绿地率21%	
5.保留原城中村空间	区域面积： 社区医院：728m² 二手车市场：14063m² 公共活动区域：3537m²	
6.街区小路生成	建筑和绿化生成后，根据预先留出的街区入口生成宽4m的胡同道路	

规则设计图

6.3　田野考察：西大村

6.3.1　场地概况

地理位置：内蒙古自治区巴彦淖尔市临河区西大村；

红线面积：39.8万m²。

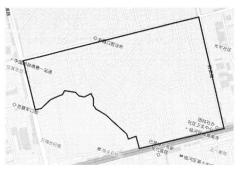

场地概况

6.3.2　人口概况

通过调查，巴彦淖尔的常住人口为152.8万人，回迁人口为2.53万人，得出回迁比为1.6%。

西大村现有人口数量：常住人口6700人，流动人口2100人，常住人口的回迁比为1.6%，预计回迁户数291户（一户2.7人）。

预期未来5-10年提供给新住户的住宅总数：233户。

建筑需求类型：居住、商业、公共建筑等。

6.3.3　城中村选址

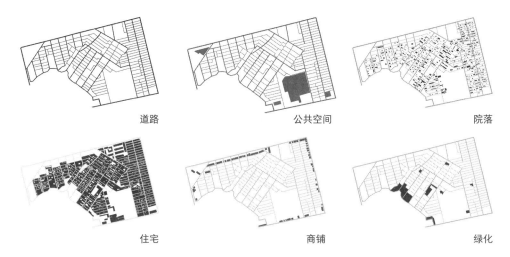

道路　　　　　　　公共空间　　　　　　　院落

住宅　　　　　　　商铺　　　　　　　绿化

6.3.4 人口密集度

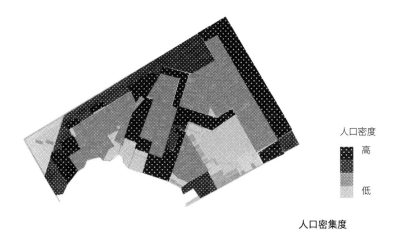

人口密度

高

低

人口密集度

6.3.5 总图

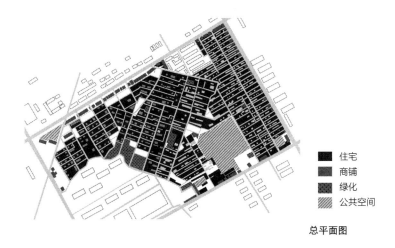

住宅
商铺
绿化
公共空间

总平面图

6.3.6 场地调研详述

常住人口：多为低薪的务工人员，年龄分布上以青年人和老年人为主，家庭组合一家三口较少。
道路分布：以每两个向背的院子为间隔，形成主干道和次干道。
道路宽度：主干道为5-6m，次干道为2m左右。

6.3.7　明确西大村更新设计的技术经济指标

城中村（a）

城中村（b）

城中村（c）

总用地面积：149480.04m²；

总建筑面积：469570.64m²；

回迁面积：32410.3m²；

住宅面积：126580.7m²；

商业面积：7272m²；

公共建筑面积：14063m²；

容积率：3.14；

建筑密度：37.5%；

建筑层数：三层（部分建筑六层）；

绿地率：23%；

建筑高度：最高39m。

6.3.8 西大村与后海信息比较

建筑尺度（西大村）

住宅
四合院：18m×18m
三合院：10.8m×14m

总人口
7329人
人均64m²

建筑占地面积
149480.04m²

总建筑面积
469570.64m²

绿地率
23%

建筑尺度（后海）

住宅
四合院：18m×18m
三合院：10.8m×14m

总人口
1.2万人
人均34.4m²

商铺平均面积
24-450m²

建筑占地面积
64.5万m²

绿地率
19.8%

6.4 算法

6.4.1 道路生成

道路衍生规律：按照建筑开间计算各级道路生长，一级道路以平均每23个开间为定量生长一条二级道路；二级道路以平均每16个开间为定量生长一条三级道路；三级道路以平均每22个开间为定量生长四级道路；四级道路以平均每8个开间生长出胡同入口。

开间数量只统计每个户型正房的开间数量。

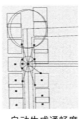
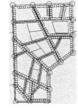
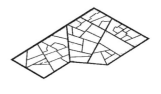

自动生成通畅度最高的路岔口　按照开间生成道路　得出城中村一至三级道路

143

数字生形

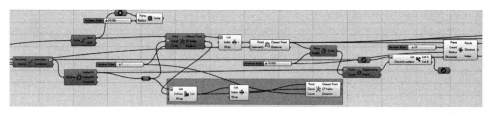

Grasshopper算法图1

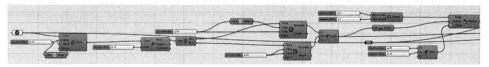

（设定一级道路宽15m，二级道路宽7m，三级道路宽4m）

Grasshopper算法图2

6.4.2　建筑生成

1. 建筑衍生规律：由路边按倍率2.35倍递减向内生长（三合院与四合院比例为 4.17：1）；
2. 根据商业建筑与住宅建筑总体比率得出，商业建筑比住宅在同一范围内递减比例递增3倍
（住宅：公共=3：1）。

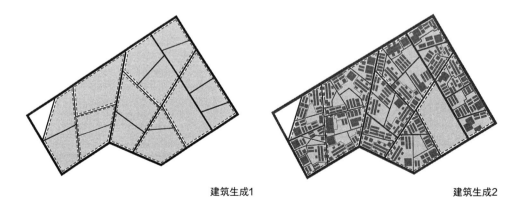

建筑生成1　　　　　　　　　　　　　　　　建筑生成2

6.4.3　绿化生成

绿化区域：根据建筑生成后的每片中心空缺区域，添加各自区域中心绿化。

6.4.4　公共空间

原场地保留。

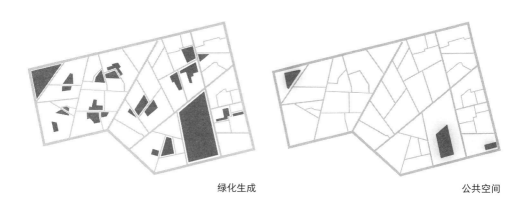

绿化生成　　　　　　　　　　　　　　　　　公共空间

6.5　初始设计（多方案比较）

6.5.1　方案一

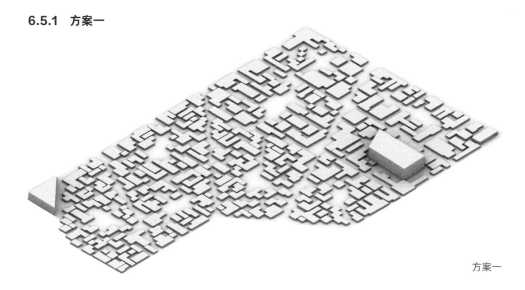

方案一

方案一没有使用到CA进行城市形态生形，在总数量确定的基础上，在区域内进行随机布点，得到一个建筑密度较高的单层城中村形态，但方案一中缺少较为完整的绿地及公共活动空间。

6.5.2 方案二

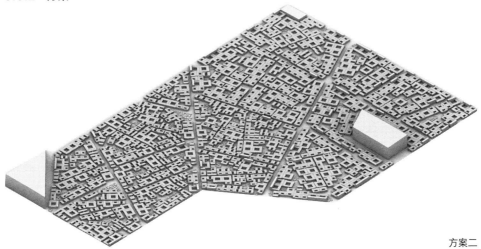

方案二

方案二利用CA在区域内按照规则进行固定布点，生成单层城中村形态，由于CA的网格限制，生成的部分建筑无法与道路平行，同时由于生成的是单层建筑，所以缺少完整的绿地及公共活动空间。

6.5.3 方案三

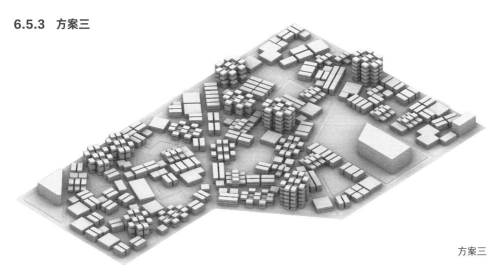

方案三

方案三利用CA生成层高为3-9层的五种固定形态，按照规则将五种形态放置于划分区域内，剩余空地进行中心绿地规划。得到的结果符合任务书的要求，并在此基础上进行深化。

6.6　涌现与模式

6.6.1　根据开间数量生成道路

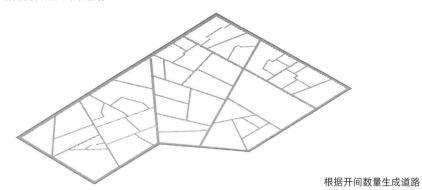

根据开间数量生成道路

6.6.2　建筑初始点

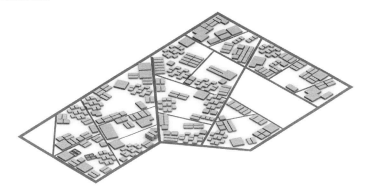

建筑初始点

6.6.3　建筑初生成

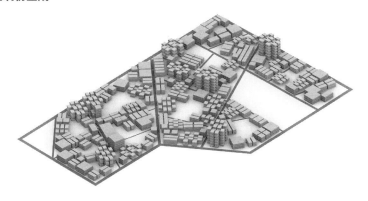

建筑初生成

6.6.4 绿化生成

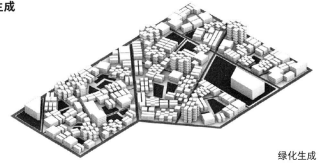

绿化生成

6.6.5 根据绿化和建筑布局生成次级道路

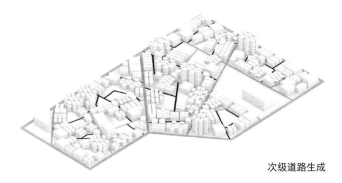

次级道路生成

6.6.6 算法生形后西大村技术经济指标

总占地面积	建筑占地面积	总建筑面积
39万m²	**14.9**万m²	**46.9**万m²

回迁面积	住宅面积	商业面积	公共建筑面积
3.24万m²	**12.6**万m²	**7272**m²	**1.4063**万m²

容积率	建筑密度	建筑层数	绿地率
1.2	**38.2%**	**3**（部分建筑6层）	**23%**

建筑高度

单体建筑	集合建筑
4.6m	**最高39m**

6.7 基本原型设计

6.7.1 原型设计

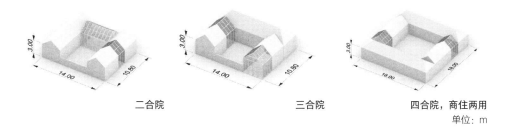

二合院　　　　　　　三合院　　　　　　　四合院，商住两用

单位: m

6.7.2 二合院形态生成

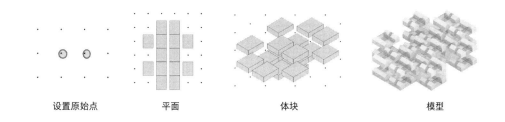

设置原始点　　　　　平面　　　　　　　　体块　　　　　　　　模型

生命游戏规则：（2，1，5）

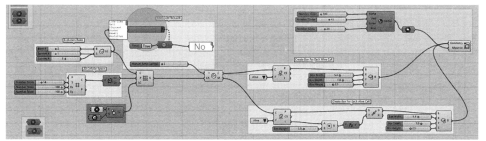

二合院形态生成

6.7.3 三合院形态生成

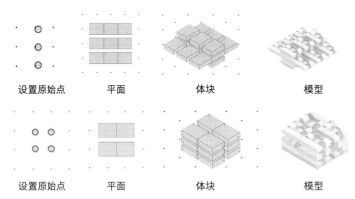

| 设置原始点 | 平面 | 体块 | 模型 |

生命游戏规则：（3，3，2）

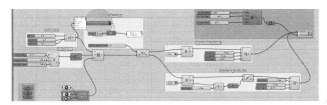

三合院形态生成

6.7.4 四合院形态生成

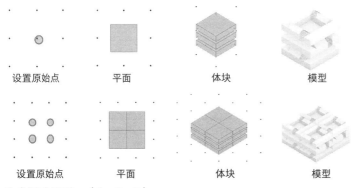

| 设置原始点 | 平面 | 体块 | 模型 |

生命游戏规则：（3，2，3）

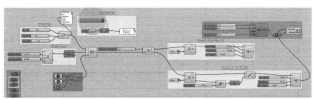

四合院形态生成

6.8 方案

1.城市形态结果

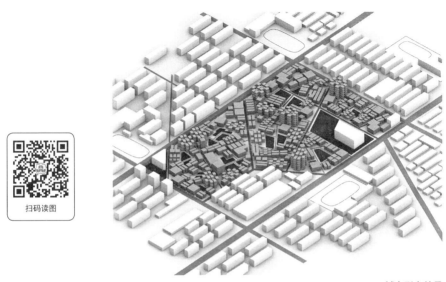

扫码读图

城市形态结果

功能分析

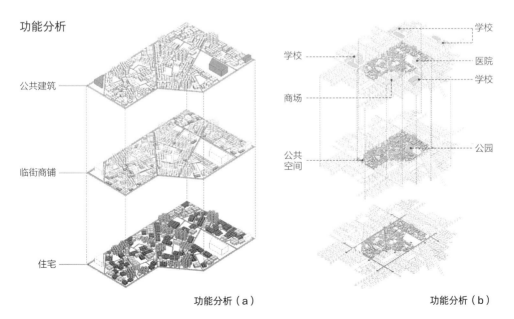

公共建筑

临街商铺

住宅

学校

学校

商场

公共
空间

学校

医院

学校

公园

功能分析（a）

功能分析（b）

2.总平面图

总平面图

3.鸟瞰图

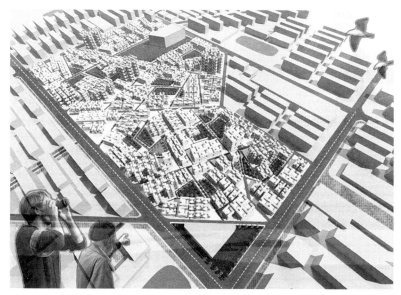

鸟瞰图

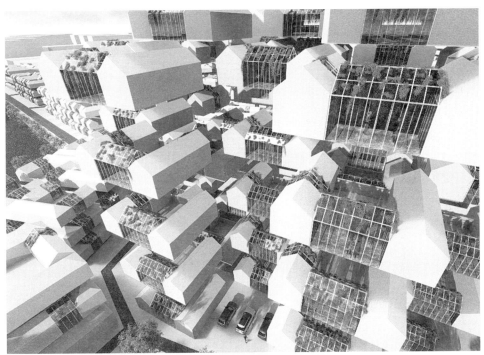

概念图

建筑尺度（设计后西大村）

民宅
四合院：18m × 18m
三合院：10.8m × 14m

单个商铺平均面积
324m²

总人口
7329人

房屋总面积
46.9万m²
人均64m²

建筑占地面积
14.9万m²

总建筑面积
46.9万m²

绿地率
23%

间距/算法生形沈巷村

7.1 类比与参数化

将后海标准院落按东西、南北两个方向类型进行分类，统计其数量和间距，并通过间距判定关系，得出各方向相邻类型和关系的比例。

7.1.1 院落筛选

院落筛选

筛选出所有可用于统计的标准院落，共计346个。

标准院落定义：可以围合出二、三、四合院的且无公共建筑和多层建筑的院落。

其他定义：公共建筑及所在院落、非合院院落、无院落建筑等非道路及标准院落类型。

7.1.2 分类规则

1. 标准院落方向类型

南北方向：
A 正房到隔壁倒座房；
B 正房到隔壁院落围墙；
C 正房到道路；
D 正房到其他；
E 倒座房到隔壁正房；
F 倒座房到隔壁院落围墙；
G 倒座房到道路；
H 倒座房到其他；
I 后罩房到道路；
J 后罩房到围墙；
K 后罩房到其他；
L 围墙到隔壁正房；
M 围墙到围墙；
N 围墙到道路；
O 围墙到其他。

东西方向：
a 厢房到隔壁厢房；
b 厢房到隔壁院落围墙；
c 厢房到道路；
d 厢房到其他；
e 厢房到倒座房；
f 围墙到隔壁厢房；
g 围墙到隔壁围墙；
h 围墙到道路；
i 围墙到其他；
j 围墙到正房。

2. 判定标准院落各方向间距关系

边界间最短距离为x。

不临街时：
x=0，有共用墙；
0<x<1.2m，有间距无过道；
x≥1.2m，有过道。

临街时：
x=0，无临街空间；
x>0，有临街空间。

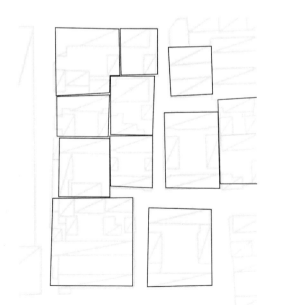

分类规则

3. 判定规则

边界间最短距离为x。

在临住宅关系和其他关系中：　　　　在临街关系中：

x=0，有共用墙；　　　　　　　　　x=0，无临街空间；

0<x<1.2m，有间距无过道；　　　　x>0，有临街空间。

x≥1.2m，有过道。

院落序号	北	距离	判断	南	距离	判断	西	距离	判断	东	距离	判断
1	D			E	2464	有过道	i			h		
2	A	2464	有过道	E			d			h		
3	C			L			b			a		
4	B			L			b			a		
5	B			N			a			d		
6	A			G			a			a		
7	C			E	1655	有过道	b			f		
8	A	1655	有过道	N			i			a		
9	C			E			a			a		
10	C			E			a			f		
11	C			L			b			d		
12	A			N			a			c		
13	C			G	9009	有过道	h			a		
14	K			G	10165	有过道	a			d	2139	有过道
15	D			G	4361	有过道	f			h		
16	B			G			c			a		
17	B			G	8256	有过道	f			i		
18	C			N	7149	有过道	c			d		
19	D			H			d			d		
20	D			N			c			f		
21	D			N			b			b		
22	C			N			f			h		
23	D			G			c			g		
24	D			G			b			a		
25	A	1907	有过道	G			a			f		
26	B			H			g			f		
27	B			L			b			b		
28	B			G			b			a		
29	A	968	有间距无过道	E	3825	有过道	d			d	7109	有过道
30	A	3825	有过道	O			d	5807	有过道	d	1254	有过道
31	B			H			a	1254	有过道	a	898	有间距无过道
32	B			O			a	898	有间距无过道	i		
33	D			H			i			d		
34	A			L			c			a		

后海规则判定统计表示意

7.1.3　统计

后海各个方向关系类型统计表

北			南			西		
类型	数量	占比	类型	数量	占比	类型	数量	占比
正房到道路	114	32.9%	倒座房到道路	118	34.1%	厢房到隔壁厢房	96	27.7%
正房到其他	74	21.3%	倒座房到隔壁正房	60	17.3%	厢房到其他	68	19.6%
正房到隔壁院落围墙	70	20.2%	倒座房到其他	57	16.4%	厢房到隔壁院落围墙	57	16.4%
正房到隔壁倒座房	61	17.6%	围墙到隔壁正房	54	15.6%	厢房到道路	49	14.1%
围墙到道路	7	2.0%	围墙到道路	26	7.5%	围墙到隔壁厢房	33	9.5%
后罩房到道路	7	2.0%	围墙到其他	18	5.2%	围墙到其他	16	4.6%
围墙到围墙	6	1.7%	围墙到围墙	7	2.0%	围墙到隔壁围墙	15	4.3%
后罩房到其他	5	1.4%	倒座房到围墙	6	1.7%	围墙到道路	11	3.1%
后罩房到围墙	2	0.5%				厢房到倒座房	1	0.2%

7.2　规则设计

将临街关系、临院落关系、其他关系分别按南北、东西分类，再细分距离关系，得出各边界关系下各方向不同距离关系的占比。

以标准院落的西面关系类型为例，各边界关系可分为以下几个类型。

① 临街分为无临街空间、有临街空间；
② 临院落分为有共用墙、有间距无过道、有过道；
③ 临其他分为有共用墙、有间距无过道、有过道。

临街关系统计表

（临街关系）	有临街空间		无临街空间	
方向	数量	占比	数量	占比
南北	56	21%	216	79%
东西	14	11%	111	89%

临院落关系统计表

（临院落关系）	有共用墙		有间距无过道		有过道	
方向	数量	占比	数量	占比	数量	占比
南北	203	76%	10	4%	53	20%
东西	351	90%	7	2%	33	8%

其他关系统计表

（其他关系）	有共用墙		有间距无过道		有过道	
方向	数量	占比	数量	占比	数量	占比
南北	103	67%	8	5%	43	28%
东西	129	73%	15	9%	32	18%

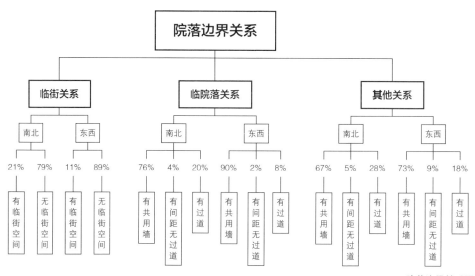

院落边界关系图

7.3 田野考察：沈巷村

7.3.1 苏州城中村——沈巷村

地理位置：苏州市吴中区珠江路；
人口数量：常住人口约100人，流动人口约6500人；
总面积：约121864m²；
房屋：180栋。

1990年代开始，沈巷村推行"苏南模式"，由政府开发的各种工业园区，吸引了不少乡镇企业及外资企业投资设厂。工业园区中工人的居住问题需要在园区外就近解决。这让住宅集中、交通便利的沈巷村发展为外地年轻打工者聚居的城中村。

沈巷村调研范围

7.3.2 城中村现状

实地调研后发现，沈巷村房屋整体比较陈旧，空地面积小。私搭乱建现象严重，居住环境恶劣。人口分布密集，居住密度大。公共交流活动空间少。居住设施落后，服务设施不全。

沈巷村的房屋老化极为严重，有的建筑四面墙体都已经变得焦黑一片。房屋低矮，最高也不过三四层，一层一般被用于商业出租。沈巷村的房屋为了出租大多进行了自发的改造。

沈巷村有密密麻麻缠绕着的电线，一转身就能撞上的监视器，两人无法并行，不过半米的石板小巷，见缝插针般竖起的楼梯，穿梭其中要拼命抬头才能看到夹缝中的天空。

由于沈巷村的居民大多是为了房租便宜而选择在城中村居住的租户，交通工具以电瓶车为主，所以村子里的电瓶车付费充电区域特别多。

城中村现状

7.3.3　现状总图

商业
住宅
绿化
公共空间
公共管理与服务用地
水

现状总图

7.3.4　城中村主要机动车道路连接点

沈巷村主要机动车道路连接点

7.3.5 沈巷村预估分析

2018年常住人口为2000人，流动人口为19000人；
2019年常住人口为1100人，流动人口为13000人；
2020年常住人口为500人，流动人口为9000人；
2021年常住人口为273人，流动人口为7100人；
2022年常住人口为100人，流动人口为6500人。

2018—2020年，在总人口数中，常住人口占比逐年减少约2%，流动人口占比逐年增长约2%；
预估至2027年常住人口（含回迁人口）为178人，流动人口为7150人。

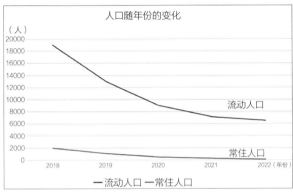

人口与年份关系图

后海分析

占地面积	建筑面积	房屋面积（66%）	商业面积（11%）
86.8万m²	**61.94万m²**	**40.8万m²**	**6.64万m²**
		人均64m²	

公共建筑面积（23%）
14.5万m²

后海人口比例

人口	常住人口	流动人口
10633人	**6866人**（64.6%）	**3767人**（35.4%）

建筑尺度

四合院开间数量	三合院	正房开间模数	厢房
5-3-3-5	**3-3-3**	**3.6**	**3.3**
四合院尺寸	三合院尺寸		
18m×18m	**10.8m×14m**		

7.3.6　沈巷村任务书

1.总用地面积：122000m²

2.总建筑面积：295564m²

3.回迁面积：3344m²

回迁户预估为22户，一户4人，按照后海人均居住面积计算

22x4x38=3344m²

4.住宅面积：278464m²

城中村常住人口（含回迁人口）为178人，流动人口为7150人

（178+7150）x38=278464m²

一层住宅总面积：278464÷5=55692m²

每户住宅面积：18x18=324m²

5.商业面积：10500mm²

6.公共建筑面积：6600m²

7.容积率：2.4

8.建筑密度：51%

9.绿地率：30%

10.建筑高度：15m（共五层）

任务书

7.4 算法

结合后海的各边界关系下各方向不同距离关系，按比例应用到沈巷村中。

7.4.1 生成道路和地块

① 将后海道路分级，测出各节点间距，算出间距比例；
② 确定沈巷村初始条件；
③ 根据沈巷村道路算法规则生成道路；
④ 根据应用规则和初始条件调整优化道路。

道路分级

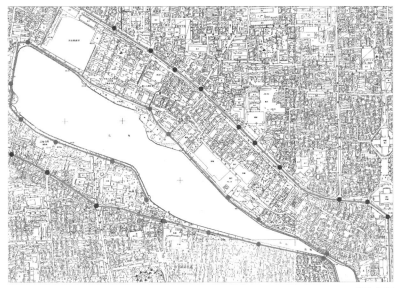

将后海与河岸同向道路分为近岸道路和远岸道路。近岸道路环绕河岸，远岸道路环绕近岸道路。

分别将两种道路上向外发散的支路节点标出，并测量节点间的距离，算出比例。若支路上还有发散道路，则同样算出支路的各节点比例。

扫码读图

道路分级

7.4.2 节点间距

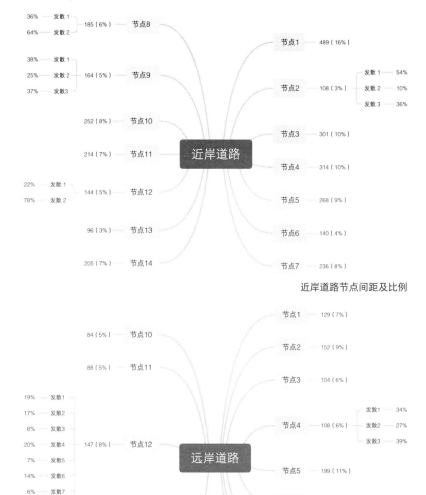

近岸道路节点间距及比例

远岸道路节点间距及比例

7.4.3 初始条件

① 保留河流；

② 保留连接沈巷村东西入口的主路
（含桥）；

③ 保留东南角被围起的公共服务管理
用地（含村委会、社区卫生室、综合
治理办公室、警务站）；

初始条件（a）

④ 保留学校（苏州市金苹果幼
儿园）；

⑤ 保留部分大片绿地；

⑥ 保留西入口与主路和河流相
邻的停车场。

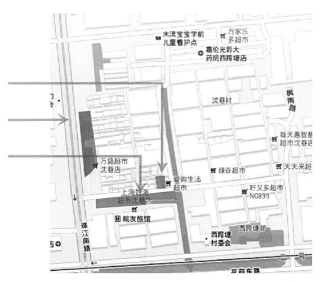

初始条件（b）

7.4.4　道路生成（优化前）

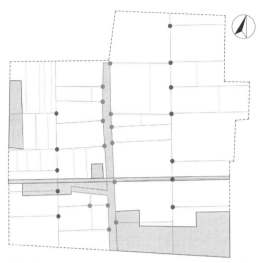

*灰色为初始保留条件　　　道路生成（优化前）

城中村道路生成算法规则

近岸道路沿河岸向外扩展1.5m（菜地离河岸的平均距离），长度约730m。

近岸道路上按后海比例生成道路节点，向外做垂直于近岸道路的支路，支路遇任意其他道路即终止。

远岸道路是由东西两侧被河岸分割的红线终点向南北方向延伸，其中西侧约290m，东侧约375m。

远岸道路上按后海比例生成道路节点，向外做垂直于远岸道路的支路，支路遇场地红线即终止。

发散道路依照后海各支路的比例位置生成，发散道路遇任意其他道路即终止。

7.4.5　道路生成（优化后）

道路生成（优化后）

1. 优化城中村道路

近岸道路、近岸道路支路、远岸道路、远岸道路支路宽5m；发散道路宽2m。

2. 道路与地块图

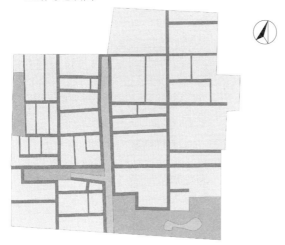

道路与地块图

7.4.6　生成建筑

生成初始建筑类型排布

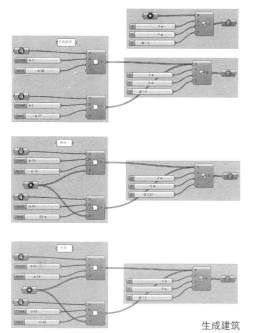

生成建筑：
①按一层数量随机生成157个住宅、35个商业建筑、6个公共建筑的初始布局；
②判断初始布局的各院落边界关系；
③将各边界关系细分为南北、东西方向；
④对每个类型进行不重复的顺序编号；
⑤按比例随机抽取各类型编号；
⑥根据应用规则和地块调整优化布局。

生成建筑

调整初始布局为紧密排布，从而控制住宅与道路、隔壁住宅、其他之间相邻方向的面有且只有一条边界线，以保证同个边界不会重复运算。

7.4.7 初始建筑类型排布图

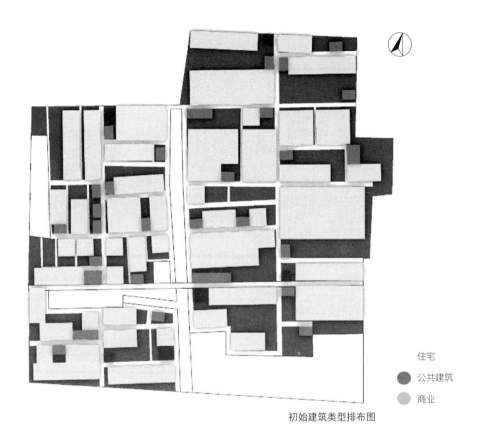

住宅

公共建筑

商业

初始建筑类型排布图

7.4.8　院落边界关系

按类型排序

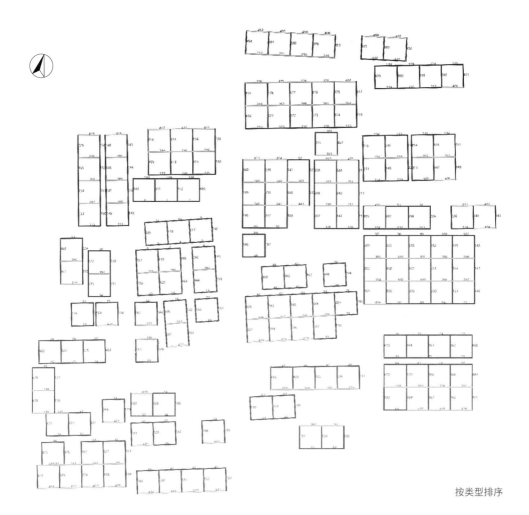

按类型排序

7.4.9 数据处理

按比例
随机抽取

编号

按比例
随机抽取

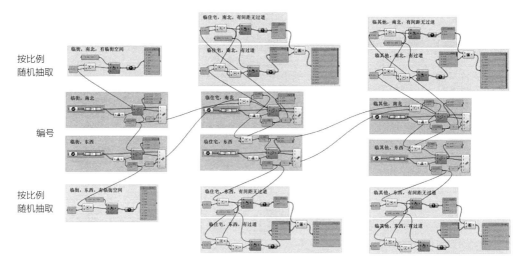

数据处理图示意

各关系统计表

临街，南北，有临街空间	临街，东西，有临街空间	临住宅，南北，有间距无过道	临住宅，南北，有过道	临住宅，东西，有间距无过道	临住宅，东西，有过道	临其他，南北，有间距无过道	临其他，南北，有过道	临其他，东西，有间距无过道	临其他，东西，有过道
1	139	247	234	347	321	418	401	452	445
2	148	265	235	380	326	434	402	462	449
4	154	293	236		331		403	477	454
11	159		242		338		406	485	458
12	167		251		351		408		463
14	176		252		382		411		476
15	180		255		399		414		478
23	211		257				417		
31	212		263				420		
32	214		268				423		
38	232		273				435		
42			287				443		
45			292						
46			295						
52			309						
55									
61									
70									
90									
96									
100									
101									
105									
106									
110									
111									
123									
127									
135									

注：表中数字为类型序号

应用规则（边界间最短距离为x）

在临住宅关系和其他关系中：

有共用墙，x=0；
有间距无过道，0<x<1.2m；
有过道，1.2m<x<2m。

在临街关系中：

无临街空间，x=0；
有临街空间，x>0。

平面布局

住宅
公建
商业
河流
保留

平面布局

7.5 初始设计（多方案比较）

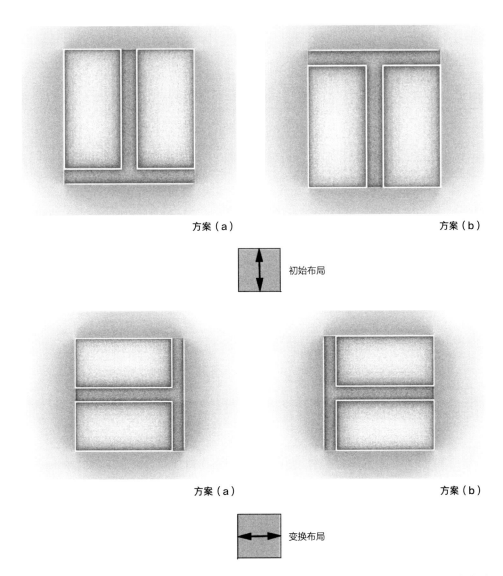

方案（a）　　　　　　　　　　　　　　方案（b）

初始布局

方案（a）　　　　　　　　　　　　　　方案（b）

变换布局

初始布局:南北向。倒T字为一层住宅默认布局。若住宅只有南面有紧密相连的住宅，则该住宅旋转180°。

变换布局:将初始布局旋转270°。

组合

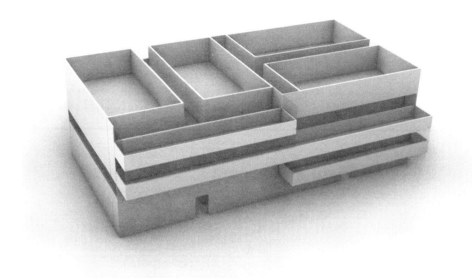

组合

1 层住宅有大门，无阳台；2-5 层住宅的南北两侧挑出阳台。

① 若阳台与建筑冲突，则阳台让步建筑；

② 南北相比，南向阳光旺盛，若南北阳台冲突，则优先朝南分布；

③ 变换布局无阳台；

④ 当两个及以上阳台紧密相连时，打通为一个阳台。

7.6 涌现与模式

建筑平面布局不变，单体上引入元胞，改变建筑室内布局，建立部分内部连通的住宅。

1. 建立单位18m×18m的网格

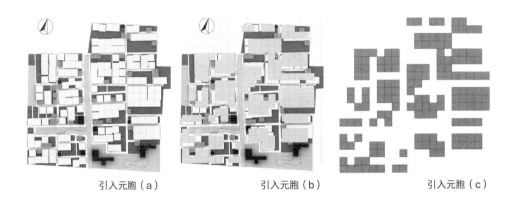

引入元胞（a）　　　　　　　引入元胞（b）　　　　　　　引入元胞（c）

2. 初始条件：按照已经生成的一层布局图进行对应布点

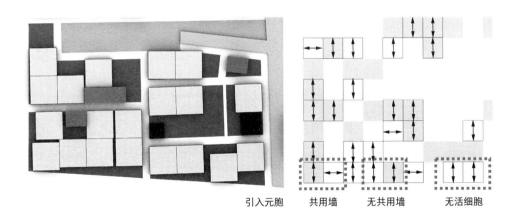

引入元胞　　共用墙　　无共用墙　　无活细胞

3. 只看初始条件有活元胞的网格区域（有黑色边框的格子），如果其死掉了，按下面步骤进行。

1）看旁边活着的元胞。如果旁边有活着的，则看死元胞与它之间有无共用墙关系，如果没有共用墙，则按照初始单元布局；如果有共用墙，则变换初始单元布局使它与旁边的廊道垂直且交互；

2）如果旁边没有活元胞，则按照初始单元布局。

4.涌现

（1）住宅一层布局

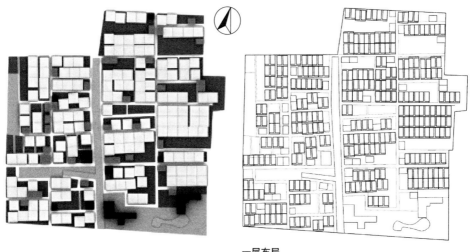

一层布局

（2）住宅二层布局

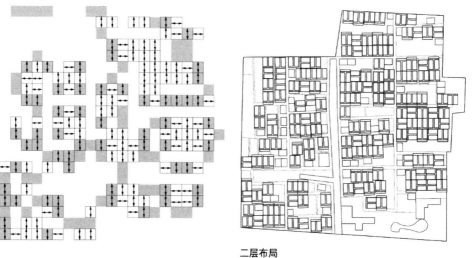

二层布局

（3）住宅三层布局

三层布局

（4）住宅四层布局

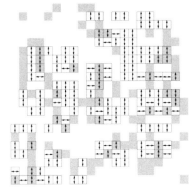

四层布局

（5）住宅五层布局

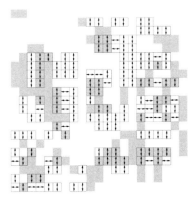

五层布局

7.7　基本原型设计

1. 18m×18m住宅单体（初始—南北向—带阳台）

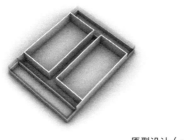 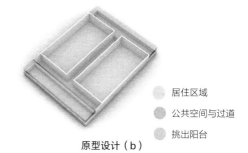

居住区域

公共空间与过道

挑出阳台

原型设计（a）　　　　　　　原型设计（b）

2. 18m×18m住宅单体（变换—东西向）

 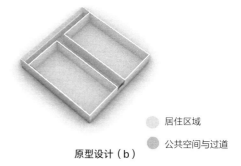

居住区域

公共空间与过道

原型设计（a）　　　　　　　原型设计（b）

3. 15m×10m商业建筑单体

商业建筑沿街布置，开窗面根据临街面决定。例如，北面临街则北面开窗，南北面临街则南北面开窗，多面临街则多面开窗。

建筑单体

7.8 方案

1.功能分析图

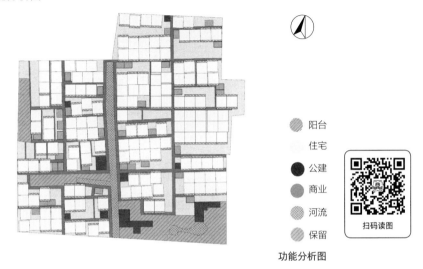

阳台
住宅
公建
商业
河流
保留

扫码读图

功能分析图

2.总平面图

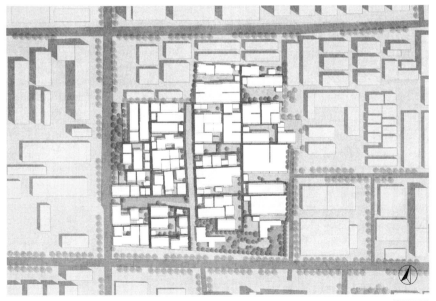

总平面图

3.街坊平面图

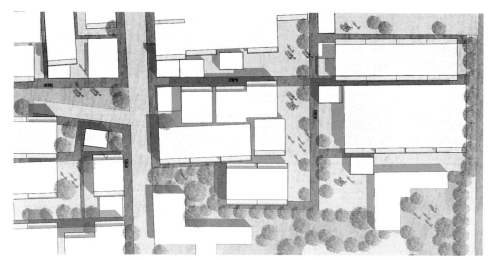

街坊平面图

4.效果图

效果图（a）

效果图（b）

5.鸟瞰图

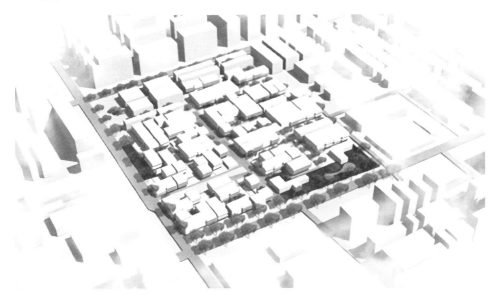

鸟瞰图

入口/算法生形唐家墩村

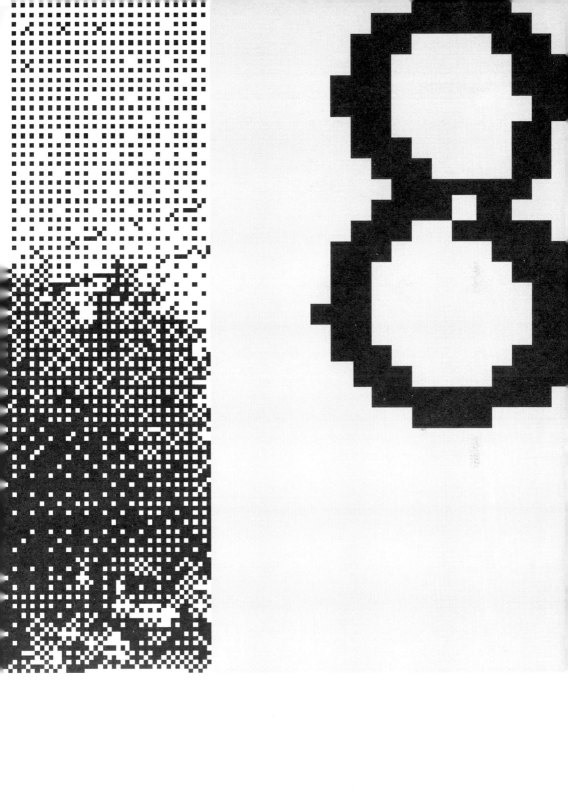

8.1 类比与参数化

8.1.1 入口朝向规则

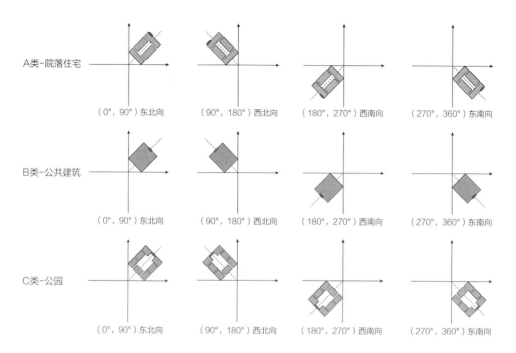

A类-院落住宅

（0°，90°）东北向　　（90°，180°）西北向　　（180°，270°）西南向　　（270°，360°）东南向

B类-公共建筑

（0°，90°）东北向　　（90°，180°）西北向　　（180°，270°）西南向　　（270°，360°）东南向

C类-公园

（0°，90°）东北向　　（90°，180°）西北向　　（180°，270°）西南向　　（270°，360°）东南向

8.1.2 入口街道宽度规则

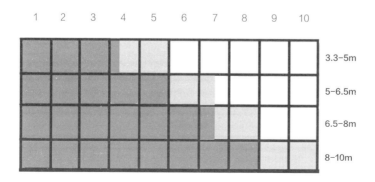

入口街道宽度规则图

院落住宅—A类

后海A类统计表

	入口个数	院落统计	入口方向统计			
			（0°，90°）东北	（90°，180°）西北	（180°，270°）西南	（270°，360°）东南
A-1	6	203	11	13	75	104
A-2	7	107	3	2	35	68
A-3	8	51	1	1	17	32
A-4	9	9	0	0	2	7

公共建筑—B类

后海B类统计表

	入口个数	院落统计	入口方向统计			
			（0°，90°）东北	（90°，180°）西北	（180°，270°）西南	（270°，360°）东南
B-1	2	18	3	2	6	7
B-2	1	106	8	12	42	44
B-3	16	13	0	0	4	9

1. 入口比较

A类
A-4>A-3>A-2>A-1；

B类
B-3>B-1>B-2；

公园—C类

后海C类统计表

	入口个数	院落统计	入口方向统计			
			（0°，90°）东北	（90°，180°）西北	（180°，270°）西南	（270°，360°）东南
C-1	7	1	5	0	2	0
C-2	1	1	1	0	0	0

C类
C-1>C-2。

2. 建筑比较

A-1>A-2>B-2>A-3>B-1>B-3>A-4>C-1、C-2。

3. 朝向比较

（0°，90°）　　A-1>B-2>C-1>A-2、B-1>A-3、C-2>A-4、B-3；
（90°，180°）　A-1>B-2>A-2、B-1>A-3>A-4、B-3、C-1、C-2；
（180°，270°）　A-1>B-2>A-2>A-3>B-1>B-3>A-4、C-1>C-2；
（270°，360°）　A-1>A-2>B-2>A-3>B-3>A-4、B-1>C-1、C-2。

4. 道路宽度比较

3.3-5m　A-1>B-2>A-2>A-3>B-1>B-3>C-1>A-4>C-2；
5-6.5m　A-1>A-2>A-3>B-2>A-4、B-1、C-1>B-3>C-2；
6.5-8m　A-1>A-2>B-1>A-3、B-3>A-4、B-2>C-1>C-2；
8-10m　A-1>A-2、A-3、A-4、B-3、C-2>B-1、B-2、C-1。

5. 规则—占比

后海规则-占比统计表

	入口占比	入口方向占比统计				1.8—3.3
		（0°，90°）东北	（90°，180°）西北	（180°，270°）西南	（270°，360°）东南	
一进四合院	40.0%	2.2%	2.5%	14.7%	20.3%	13.1%
二进四合院	21%	0.6%	0.4%	6.8%	13.3%	6%
三进四合院	10.0%	0.2%	0.2%	3.3%	6.2%	6.1%
四进四合院	1%	0	0	0.4%	1.4%	0.4%
办公建筑	3%	0.6%	0.4%	1.2%	1.4%	0.2%
商业建筑	21%	1.6%	2.3%	8.2%	8.6%	4.5%
科教文卫建筑	3%	0	0	0.8%	1.8%	0
公园	1%	1.1%	0.2%	0.6%	0.4%	0

6. 根据各个入口个数来划分入口等级

一级入口：入口个数为1-2个，有办公建筑和商业建筑；
二级入口：入口个数为3-7个，有一进院落、二进院落；
三级入口：入口个数为8-9个，有三进院落、四进院落；
四级入口：入口个数为10-16个，有科教文卫建筑。

8.1.3 街道宽度占比

一级入口：3.3-5：15.1%，5-6.5：2.4%，6.5-8：1.2%，8-10：0；
二级入口：3.3-5：26.2%，5-6.5：12.2%，6.5-8：3.5%，8-10：0.5%；
三级入口：3.3-5：4.2%，5-6.5：3.1%，6.5-8：1%，8-10：0.4%；
四级入口：3.3-5：0.4%，5-6.5：0.2%，6.5-8：0.2%，8-10：0。

8.1.4 朝向占比

一级入口：东北2.2%，西北2.7%，西南10%，东南10%；
二级入口：东北2.8%，西北2.9%，西南22.3%，东南32.8%；
三级入口：东北0.2%，西北0.2%，西南3.7%，东南7.6%；
四级入口：东北0%，西北0%，西南0.8%，东南1.8%。

整个区域分成七个地块，用于距离统计

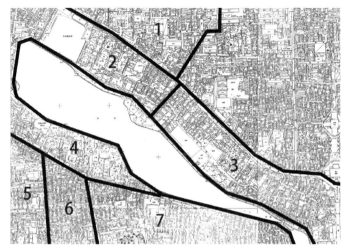

后海区域图

后海各级入口间距统计表　（单位：m）

一级入口间距	50.12	25.12	30.77	155.6	31.24	60.68	74.88	71.24	281.6	90.34	16.14	12.7	29.38	158.3	34.67	21.05	35.09	29.39	12.7	11.5	40.72	13.01	21.39	65.4	24.51
	24.98	114.2	163.4	47.25	57.38	40.09	70.01	46.6	34.98	51.93	26.56	408.1	31.67	12.36	403.8	35.16	60.85	188.9	30.87	57.35	66.3	137.9	57.92	47.37	78.14
	22.23	38.93	38.13	52.49	23.22	62.49	38.13	33.73	36.73	38.17	38.56	64.19	109.9	24.7	152.6	23.56	10.74	138.3	42.25	65.57	24.42	24.42	42.09	79.06	
	12.13	25.04	14.4	28.24	42.09	77.03	16.14	13.75	23.05	30.23	10.45	11.41	15.93	15.95	14.26	15.75	11.48	19.44	19.47	11.28	24.76	30.71	51.26	86.52	24.22
	16.36	20.43	12.98	12.18	12.18	22.11	49.32	43.23	21.5	47	55.73	10.92	42.88	31.55	11.87	18.84	15.84	9.72	11.87	31.55	12.13	25.04	14.4	22.49	
二级入口间距																									
二级入口间距	21.41	62.65	52.6	71.66	18.53	22.95	55.05	30.7	20.25	27.11	83.88	49.94	35.27	57.47	20.3	109.5	59.35	51.8	35.53	32.64	33.65	19.25	25.25	17.61	50.37
	24.62	30.84	19.34	15.06	20.38	50.38	30.69	47.22	23.9	34.76	30.84	47.93	34.79	22.19	36.49	23.03	5.65	33.09	18.24	28.78	21.64	19.04	52.27	4.73	30.79
	52.04	11.94	28.03	30.74	34.76	23.9	47.22	19.35	49.44	22.23	54.19	74.7	31.55	71.14	26.7	28.16	19.18	14.12	13.45	24.85	32.64	15.05	52.06	5.33	49.39
	10.07	22.09	21.66	8.97	21.98	14.92	23.16	48.96	11.25	36.5	8.93	19.01	24.74	25.33	18.22	8.26	30.93	41.07	47.6	28.55	36.97	44.62	31.7		
	25.53	17.19	0.25	14.58	10.4	11.41	15.87	9.33	24.66	13.16	16.73	13.98	40.14	16.61	28.68	16.46	9.62	25.98	18.33	18.34	17.4	19.34	19.22	8.26	30.93
	41.07	47.6	58.12	20.02	28.55	36.07	16.62	24.61	32.2	48.28	18.57	23.64	29.59	43.01	11.6	30.23	53.45	21.88	57.51	25.23	26.03	13.43	13.25	19.45	24.29
	23.86	15.11	33.32	62.21	17.71	142.8	21.76	61.3	22.29	28.88	11.24	38.73	21.05	18.77	39.17	48.04	33.77	31.14	19.62	32.24	32.88	20.29	50.32	9.24	16.84
	13.14	37.6	16.06	26.06	22.53	11.54	11.56	17.45	32.2	18	24.01	4.72	4.95	54.49	606.2	36.9	8.1	67.5	24.18	16.68	14.57	40.11	23.58	33.08	46.9
	48.11	43.98	31.58	33.89	48.93	35.92	22.6	10.02	22.13	33.24	14.79	35.54	11.83	14.08	48.73	29.88	25.05	42.08	17.26	12.36	22.21	20.45	18.51	32.05	16.23
	16.17	19.98	10.03	26.88	15.98	37.15	13.14	49.89	27.59	18.78	24.15	22.71	17.2	24.39	16.69	26.49	141.7	20.38	87.75	26.49	26.92	54.81	54.27	24.59	22.24
	15.05	17.41	51.09	20.12	20.2	11.86	17.25	48.85	29.29	34.15	32.15	18.16	33.15	16.67	15.04	22.44	17.72	29.8	31.76	24.1	25.26	26.18	14.32	27.72	9.03
	40.01	14.08	16.1	26.34	44.81	11.65	46.91	31.36	21.62	24.59	22.24	16.05	17.41	51.09	29.12	20.2	11.86	17.25	46.65	29.29	34.16	32.15	18.16	33.15	16.97
	15.04	22.44	17.72	29.8	31.75	24.1	13.06	24.58	41.54	14.2	29.8	17.38	26.18	14.82	27.72	14.08	16.1	26.34	9.03	40.01	6.52	50.77			
	61.24	24.01	25.69	44.56	116.8	69.72	30.73	64.75	82.78	71.14	141.6														
三级入口间距																									
三级入口间距	261.9	79.1	15.8	36.34	79.51	54.97	28.21	101.9	33.76	52.71	106.2	34.57	39.52	53.31	31.45	60.86	23.8	19.16	35.92	51.6	24.89	21.39	120.9	64.85	96.43
	165.6	97.76	211.7	211.7	17.83	20.66	22.66	24.19	25.97	11.6	16.12	52.03	16.53	39.74	20.33	334.7	201.3	198.6	206.7	155	20.29	59.77	216.5		
四级入口间距																									
四级入口间距	159.2	59.35	130.5	121.1	31.78	50.56	87.17	132.1	194																

一级入口的建筑：二级入口的建筑：三级入口的建筑：四级入口的建筑=62：157：30：6。

一级入口之间的平均距离为25.12m；

二级入口之间的平均距离为35.13m；

三级入口之间的平均距离为78.29m；

四级入口之间的平均距离为107.29m。

8.2 规则设计

算法规则主要根据后海调研得到的数据类比转化生成我们基地的建筑群。首先根据划分的建筑等级分别生成四个等级的建筑单体；其次根据道路等级在基地内生成路网；最后根据其技术经济指标调整相应建筑功能所占的比例完成涌现。

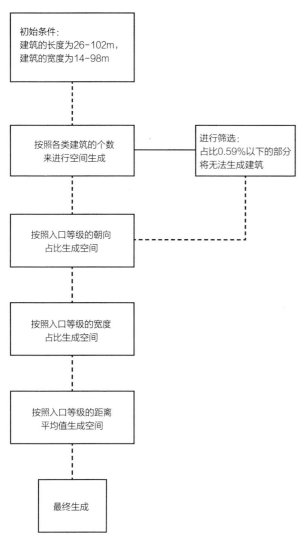

流程图

8.3 田野考察：唐家墩村

地理位置

唐家墩村，隶属于湖北省武汉市江汉区，地处江汉区东部，东与江岸区花桥街道为邻，南起建设大道长江日报路路口与江岸区台北街道相临，西与常青街道和北湖街道接壤，北至京广铁路与汉兴街道毗邻，总面积5.2km²。

唐家墩村调研范围

8.3.1 任务书——设计规划

1.调查现有人口数量，并确定总用地面积及红线范围

人口：6087人（常住人口：3757人，流动人口：2330人）；

户数：1902户。

2.结合当地上位规划，以及2017—2021年的人口增长率，对未来2022—2026年进行人口预测（含常住与流动人口）

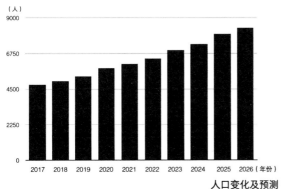

人口变化及预测

3.明确常住人口的回迁比例及户数，以及未来2022—2026年提供给新住户的住宅总数

2021年江汉区共拆迁2533户，回迁比例是64%，所以唐家墩村被拆迁户数约1621户；根据未来5-10年新增人口4000-6000人，预测未来2022—2026年提供给新住户的住宅总数为1645-2466户。

4.建筑需求类型：居住、回迁房、商业、公共建筑等

住宅：独居<2人：37m²（一室一厅一卫）；
合住2-4人：48-76m²（两室一厅一卫）；
家庭4-6人：76-141m²（三室一厅一卫）；
商铺、超市：15-250m²；
餐馆：90-1000m²；
公共建筑、诊所：1000m²；
幼儿园：占地面积1023m²；
小学：占地面积3900m²；
中学：占地面积4523m²；
村委会：182.3m²；
活动区：364.7m²。

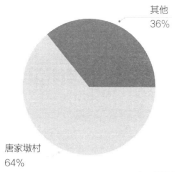

其他 36%

唐家墩村 64%

人口饼图

5.明确红线内的保留空间作为设计的初始条件

6.明确红线周边的主要机动车道路的连接点

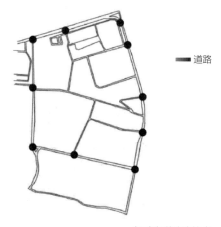

中学 ------
绿地 ------

■■■ 道路

保留空间

机动车道路连接点

7.分析唐家墩村的公共建筑的功能与面积尺度
幼儿园：占地面积1023m²，建筑面积3145m²；

小学：占地面积3900m²，建筑面积5796m²；

中学：占地面积4523m²，建筑面积7021m²；

村委会：182.3m²；

活动区：364.7m²；

垃圾站：232.5m²。

后海地区建筑尺度

住宅
长10.8-49m
宽14-36m

商铺
长6-33m
宽14-36m

公共建筑
长33-104m
宽23-103m

占地面积
64.5万m²

总面积
86.8万m²

房屋占比
62%

公共建筑
38%

8.结合后海的人口比例与建筑尺度，按比例确定唐家墩村的任务书的建筑规模、层数与面积
后海调研区域占地面积：867558.8m²。

后海调研区域人口数量统计：10633人（常住人口占比64.57%，为6866人；流动人口占比35.43%，为3767人）。住宅：商业建筑：办公建筑：科教文卫建筑：公园=240：10：70：10：1。

唐家墩村占地面积：56396.94m²。

9.明确唐家墩村更新设计的技术经济指标
总占地面积为56396.94m²；

总建筑面积为92424.48m²；

其中：

回迁面积为33533.44m²；

住宅面积为29697.61m²；

商业面积为13166.02m²；

公共建筑面积为10827.41m²；

容积率为4.54；

建筑密度为19.15%；

建筑层数为6-9层；

绿地率为30%；

建筑高度为<30m（每层不超过4m）。

10. 分析图

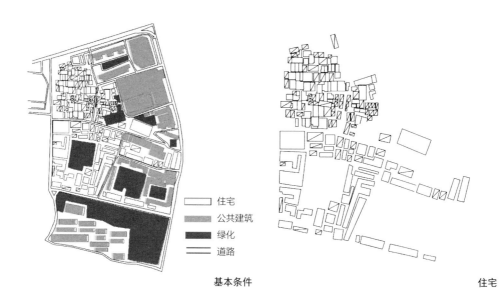

住宅
公共建筑
绿化
道路

基本条件

住宅

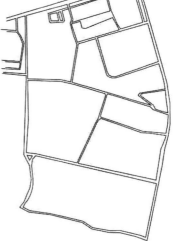

公共空间

道路

绿化

8.3.2 入口等级划分

一级入口：商业建筑数量42个；
二级入口：住宅数量148个；
三级入口：工业工厂数量9个；
四级入口：科教文卫数量2个；
一级入口建筑平均单间面积：5m×7m；
二级入口建筑平均单间面积：3m×4m；
三级入口建筑平均单间面积：6m×9m；
四级入口建筑平均单间面积：7m×10m。

8.3.3 入口比率

一级入口：24%；
二级入口：62%；
三级入口：12%；
四级入口：2%；
最终比例为 6：16：3：1。

入口占比表

类型		入口占比
二级入口	一进四合院	40%
二级入口	二进四合院	22%
三级入口	三进四合院	10%
三级入口	四进四合院	2%
一级入口	办公建筑	3%
一级入口	商业建筑	21%
四级入口	科教文卫建筑	2%

8.4 算法

8.4.1 入口等级划分——一级入口

按照后海的朝向比率算法应用到唐家墩村里来，总结出四个入口等级的朝向形式。

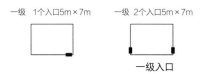

一级 1个入口5m×7m　　一级 2个入口5m×7m

一级入口

一级入口建筑统计表

	（0°，90°）东北	（90°，180°）西北	（180°，270°）西南	（270°，360°）东南
办公建筑	0.60%	0.40%	1.20%	1.40%
商业建筑	1.60%	2.30%	8.20%	8.60%

根据后海统计的表格中可以得出，

东北：西北：西南：东南=22：27：94：100，

所以西南和东南方向为主要入口方向。

8.4.2 入口等级划分——二级入口

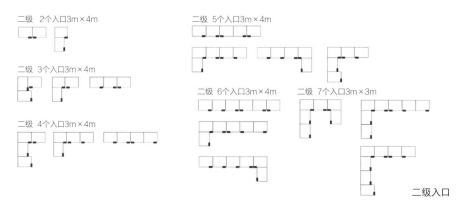

二级 2个入口3m×4m　　二级 5个入口3m×4m

二级 3个入口3m×4m

二级 6个入口3m×4m　　二级 7个入口3m×3m

二级 4个入口3m×4m

二级入口

二级入口建筑统计表

	（0°，90°）东北	（90°，180°）西北	（180°，270°）西南	（270°，360°）东南
一进四合院	2.20%	2.50%	14.70%	20.30%
二进四合院	0.60%	0.40%	6.80%	13.30%
公园	0.00%	0.20%	0.20%	0.40%

表格中可以得出，

东北：西北：西南：东南=28：31：217：400，

所以西南和东南方向为主要入口方向。

8.4.3 入口等级划分——三级入口

三级 7个入口6m×9m

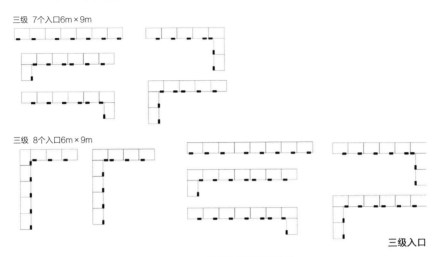

三级 8个入口6m×9m

三级入口

三级入口建筑统计表

	（0°，90°）东北	（90°，180°）西北	（180°，270°）西南	（270°，360°）东南
三进四合院	0.20%	0.20%	3.30%	6.20%
四进四合院	0	0	0.40%	1.40%

表格中可以得出，东北：西北：西南：东南=2：2：37：76，所以西南和东南方向为主要入口方向。

8.4.4 入口等级划分——四级入口

四级 5个入口7m×10m

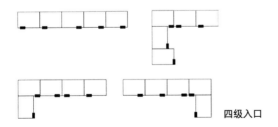

四级入口

四级入口建筑统计表

	（0°，90°）东北	（90°，180°）西北	（180°，270°）西南	（270°，360°）东南
科教文卫建筑	0	0	0.80%	1.80%

表格中可以得出，东北：西北：西南：东南=0：0：8：18，所以西南和东南方向为主要入口方向。

8.4.5 唐家墩村路网生成

根据后海地区的四级道路等级数据，运用到唐家墩村的地形中。

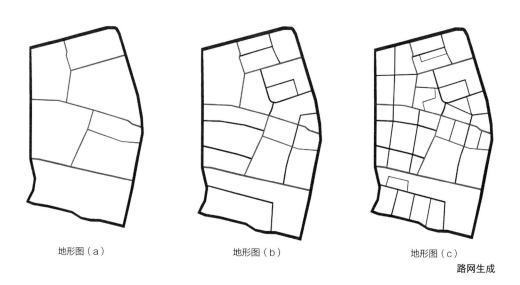

地形图（a）　　　　　　地形图（b）　　　　　　地形图（c）

路网生成

路网生成统计表

	正门前方道路宽度			
	3.3—5m	5—6.5m	6.5—8m	8—10m
一进四合院	16.2%	8%	2%	0.3%
二进四合院	11.4%	4%	1.3%	0.2%
三进四合院	4%	2.5%	0.6%	0.2%
四进四合院	0.2%	0.6%	0.4%	0.2%
办公建筑	2.2%	0.6%	0.8%	0
商业建筑	14.1%	1.8%	0.4%	0
科教文卫建筑	1.4%	0.4%	0.6%	0.2%
公园	1%	0.8%	0.4%	0.2%

8.5 初始设计（多方案比较）

方案一　　　　　　　　　　　方案二　　　　　　　　　　　方案三

8.6 涌现与模式

一级入口之间的平均距离为25.12m；
二级入口之间的平均距离为35.13m；
三级入口之间的平均距离为78.29m；
四级入口之间的平均距离为107.29m。
利用各级入口之间的平均距离，在路网中布点，结合元胞，生成初步元胞模型。
根据后海的朝向和宽度准则进行筛选，得出基础一层平面。

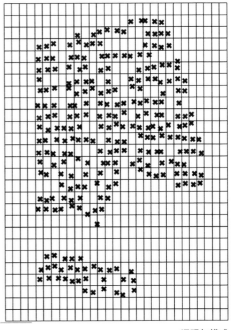

涌现与模式

数字生形

建筑生成（a）

建筑生成（b）

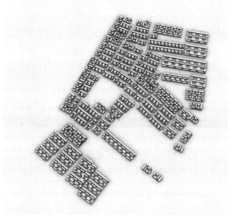

建筑生成（c）

8.7 基本原型设计

8.7.1 入口等级建筑生成——一级

住宅10m×15m

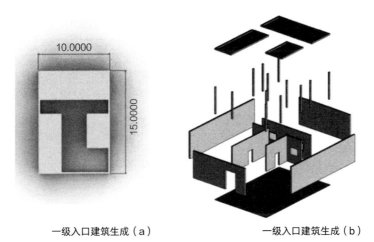

一级入口建筑生成（a）　　　　　一级入口建筑生成（b）

8.7.2 入口等级建筑生成——二级

1. 商铺 14m×22m

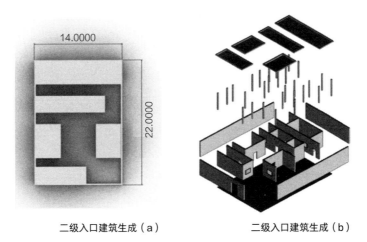

二级入口建筑生成（a）　　　　　二级入口建筑生成（b）

2. 公共建筑16m × 31.25m

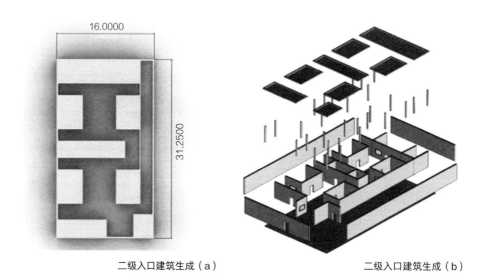

16.0000

31.2500

二级入口建筑生成（a）　　　　二级入口建筑生成（b）

3. 工厂20m × 36.25m

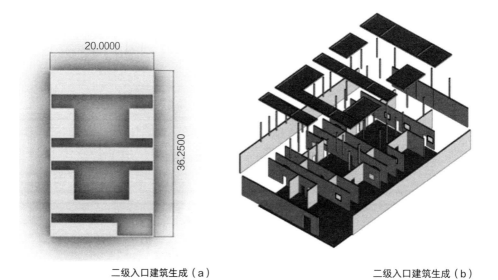

20.0000

36.2500

二级入口建筑生成（a）　　　　二级入口建筑生成（b）

8.7.3 带入涌现模型

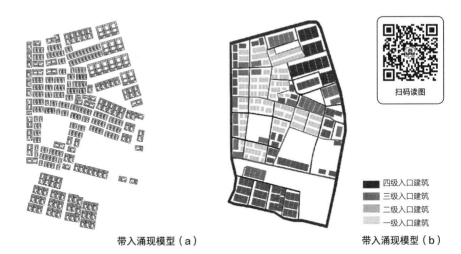

扫码读图

■ 四级入口建筑
■ 三级入口建筑
□ 二级入口建筑
□ 一级入口建筑

带入涌现模型（a）　　　　　　　　　带入涌现模型（b）

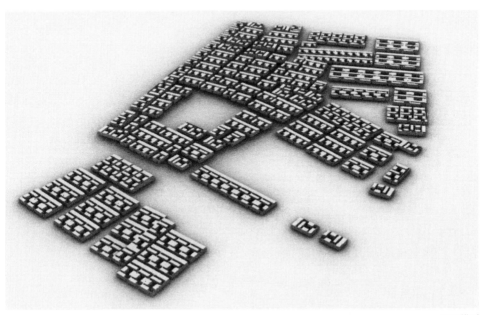

涌现模型

8.8 方案

1.平面图

平面图

2.街坊图

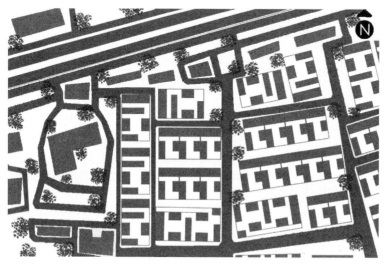

街坊图

3.轴测图

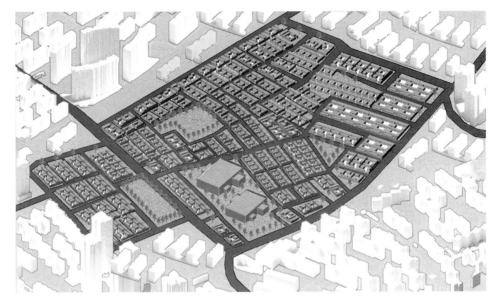

轴测图

4.效果图

效果图

中轴线/算法生形桃花坞

9.1 类比与参数化

9.1.1 中轴线判定

1.一般建筑： 定位出建筑的大门，以大门所在的墙面为基准作垂线，形成与该墙面中点垂直的中轴线。

一般建筑

2.合院类建筑： 定位出合院正房的位置。以正房的大门所在墙面为基准作垂线，形成与该墙面中点垂直的整个合院的主轴线。合院内其他房屋的中轴线按一般建筑中轴线的标准来生成。其中，与正房相邻和相对的厢房的中轴线延长至与主轴线相交，形成定位合院整体位置的十字。

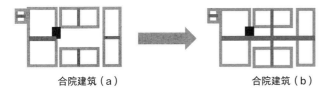

合院建筑（a）　　　　　　　　合院建筑（b）

9.1.2 规律挖掘

扫码读图

后海建筑中轴线图

首先根据建筑的朝向，画出后海所有建筑的中轴线。

观察发现：建筑的中轴线与街道走向相关，离街道越远，建筑中轴线与街道的关联性越弱。因此将所有建筑分为临街建筑和非临街建筑。通过地图测量出临街建筑的平均进深为5m。

因此，距离街道≤5m的建筑中轴线定义为临街中轴线，距离街道＞5m的建筑中轴线定义为非临街中轴线。

将中轴线分为如下两部分：

临街中轴线与非临街中轴线。可以粗略地看出，临街中轴线基本与道路垂直。非临街中轴线则根据每个区块的围合，呈现分组抱团的趋势。

后海建筑中轴线分类图

9.1.3 临街单体建筑中轴线类型

后海临街单体建筑中轴线统计表1

临街单体建筑的中轴线	垂直	平行	倾斜	总数量
A1	1	1	0	23
A2	1	2	0	18
A3	2	1	0	27
A4	2	0	1	39
A5	2	2	0	18
A6	3	0	0	47
A7	3	0	1	32
A8	3	1	0	21
A9	3	2	0	13
A10	4	0	0	11
A11	4	1	0	31
A12	4	2	0	17
A13	4	3	0	16
A14	5	0	0	28
A15	5	1	0	17

后海临街单体建筑中轴线统计表2

临街单体建筑的中轴线	垂直	平行	倾斜	总数量
Aa	1	0	0	26
Ab	0	1	0	5
Ac	0	0	1	11

由于临街中轴线的朝向会受街道走向的影响，根据临街中轴线与所对应街道形成的角度，分为：平行（0°-20°）、倾斜（20°-70°）、垂直（70°-90°）三类。

将临街同一建筑群中轴线归为A类，并进行汇总。分为：同一建筑平分的与道路呈垂直的中轴线、与道路呈水平的中轴线、与道路呈倾斜的中轴线，列出表格进行数量统计。

9.1.4 非临街单体建筑中轴线类型

后海非临街单体建筑中轴线统计表1

非临街单体建筑的中轴线	垂直	水平	倾斜	总数量
B1	0	1	1	61
B2	0	2	0	25
B3	0	2	1	81
B4	0	0	3	63
B5	0	3	1	53
B6	0	4	0	13
B7	1	1	0	72
B8	1	2	0	64
B9	2	1	2	27
B10	2	0	1	48
B11	2	2	0	76
B12	2	3	1	51
B13	3	0	2	35
B14	3	0	1	31
B15	3	1	0	28
B16	3	2	1	13
B17	4	1	0	31
B18	4	2	1	33
B19	4	3	0	16
B20	4	0	2	28

非临街中轴线的朝向受街道走向的影响较小，它的朝向一般是受采光、通风等条件因素共同影响。对于非临街中轴线，根据它在地图上与水平线所形成的角度，分为：东西走向（0°-20°）、倾斜（20°-70°）、南北走向（70°-90°）。将非临街同一建筑群中轴线归为B类，并进行汇总。分为：将同一建筑平分与水平线呈垂直的中轴线、与水平线呈平行的中轴线、与水平线呈倾斜的中轴线数量，列出表格进行数量统计。

后海非临街单体建筑中轴线统计表2

非临街单体建筑的中轴线	垂直	平行	倾斜	总数量
Ba	1	0	0	173
Bb	0	1	0	204
Bc	0	0	1	146

9.1.5 数据汇总

后海数据汇总表

	（0°-20°）	（20°-70°）	（70°-90°）	总计
临街中轴线	26%	5%	69%	1148
非临街中轴线	41%	13%	46%	2783

由此得出中轴线的规律：
临街中轴线大多数与街道垂直，小部分受功能影响，与街道平行或呈其他角度。
非临街中轴线中，东西走向和南北走向对半分，且南北走向占比较大，小部分轴线呈其他角度。

9.1.6 规律总结

将后海中轴线类型划分为沿街中轴线、合院中轴线、公共建筑中轴线和常规建筑中轴线进行调研。先将所有合院正房的中轴线进行延长，将厢房中轴线相交于正房中轴线，形成十字，以此定位每个合院在地图上的位置，并统计以单个房屋为单位的合院房屋中轴线的总数量，从而得出合院类型房屋在所有建筑中的占比。

扫码读图

首先统计了以单个房屋为单位的合院房屋中轴线的总数量，得出合院类型房屋在所有建筑中的占比。

后海合院中轴线占比表

	合院中轴线	常规建筑中轴线
数量	695	3236
占比	17%	83%

再对三合院和四合院进行分类，以中轴线形成的一个十字为一个单位，统计以整体的合院围合出单位的合院的数量，得出不同类型合院的占比。

后海三合院、四合院中轴线占比表

	三合院	四合院
数量	41	55
占比	42%	58%

9.1.7 四合院

A-4：同一合院中仅有4条中轴线，延长后形成一个十字。正房引出的中轴线为主轴线。数量为21，占比38%。

A-5：同一合院中有5条中轴线，其中4条延长后形成一个十字。正房引出的中轴线为主轴线，剩余1条轴线在十字一侧随机分布。数量为4，占比7%。

A-6：同一合院中有6条中轴线，其中4条延长后形成一个十字。正房引出的中轴线为主轴线，剩余2条轴线在十字一侧分布，分布在主轴线两边，与主轴线平行。数量为7，占比13%。

数字生形

A-7：同一合院中有7条中轴线，其中4条延长后形成一个十字。正房引出的中轴线为主轴线，剩余3条轴线在十字一侧分布，位置随机，与主轴线随机垂直或平行。数量为6，占比11%。

A-8-1：同一合院中有8条中轴线，其中4条延长后形成一个十字。正房引出的中轴线为主轴线，剩余4条轴线在十字四角分布，沿主轴线对称，与主轴线平行。数量为7，占比13%。

A-8-2：同一合院中有8条中轴线，其中4条延长后形成一个十字。正房引出的中轴线为主轴线，剩余4条轴线在十字四角分布，沿主轴线对称，与主轴线随机垂直或平行。数量为3，占比5%。

A-8-3：同一合院中有8条中轴线，其中4条延长后形成一个十字。正房引出的中轴线为主轴线，剩余4条轴线在十字一侧分布，分布在主轴线两边，与主轴线随机垂直或平行。数量为2，占比4%。

A-9：同一合院中有9-11条中轴线，其中4条延长后形成一个十字。正房引出的中轴线为主轴线，剩余轴线在十字四周随机分布，与主轴线随机垂直或平行。数量为5，占比9%。

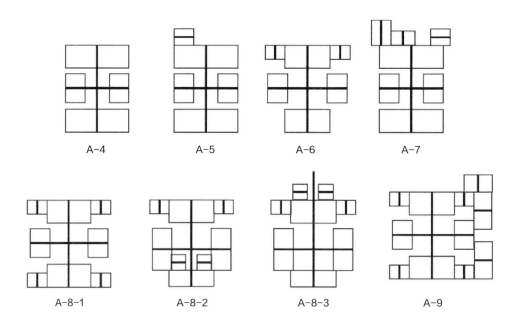

A-4　　　　A-5　　　　A-6　　　　A-7

A-8-1　　　A-8-2　　　A-8-3　　　A-9

9.1.8　三合院

B-3：同一合院中仅有3条中轴线，延长后形成一个十字。正房引出的中轴线为主轴线。数量为9，占比22%。

B-4：同一合院中有4条中轴线，其中3条延长后形成一个十字。正房引出的中轴线为主轴线，剩余1条轴线在十字一侧随机分布。数量为7，占比17%。

B-5-1：同一合院中有5条中轴线，其中3条延长后形成一个十字。正房引出的中轴线为主轴线，剩余2条轴线在十字一侧分布，分布在主轴线两边，与主轴线平行。数量为4，占比10%。

B-5-2：同一合院中有5条中轴线，其中3条延长后形成一个十字。正房引出的中轴线为主轴线，剩余2条轴线在十字一侧分布，分布在主轴线两边，与主轴线垂直。数量为2，占比5%。

B-6：同一合院中有6条中轴线，其中3条延长后形成一个十字。正房引出的中轴线为主轴线，剩余3条轴线在十字一侧分布，位置随机，与主轴线随机垂直或平行。数量为8，占比20%。

B-7：同一合院中有7条中轴线，其中3条延长后形成一个十字。正房引出的中轴线为主轴线，剩余4条轴线在十字四角分布，位置随机，与主轴线随机垂直或平行。数量为6，占比15%。

B-8：同一合院中有8-11条中轴线，其中3条延长后形成一个十字。正房引出的中轴线为主轴线，剩余轴线在十字四周随机分布，与主轴线随机垂直或平行。数量为5，占比11%。

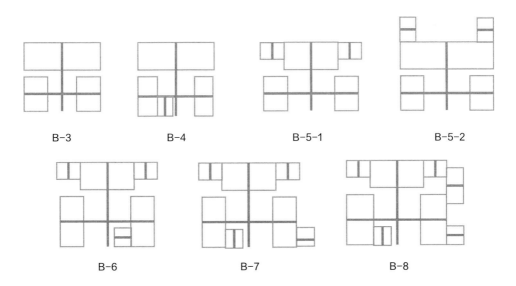

B-3　　　　　　　B-4　　　　　　　B-5-1　　　　　　　B-5-2

B-6　　　　　　　B-7　　　　　　　B-8

9.2 规则设计

9.2.1 步骤分析

1. 步骤一

通过中轴线的十字形交叉，定位出合院的中心点，分布状态如右图所示。

步骤一

2. 步骤二

框选出每个街区的形状。

其中包含合院的街区和不包含合院的街区用不同颜色表示。

可以发现合院大多数在整个街区中靠近街道的边缘分布。

在房屋密集的住宅区，合院中心点呈现沿街并排分布的情况。在房屋不太密集的开阔区域，则通常在街道转角处零星分布。

通过统计得出，所有合院中，沿街分布的合院占比87%，不沿街分布的合院占比13%。

不包含合院的街区有31个，占比52%，包含合院的街区有28个，占比48%。

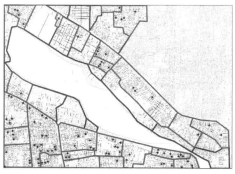

步骤二

3. 步骤三

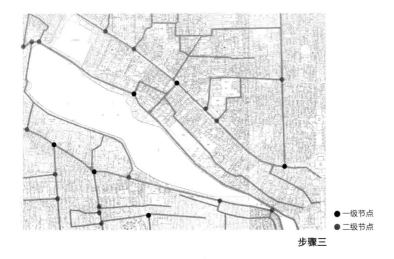

步骤三

按道路的宽度，在地图上画出一级道路和二级道路的走向，标出道路分岔的节点。

其中，一级节点连接两条一级道路。二级节点连接一级道路。

通过统计得出，一级道路有33%的概率生成1个一级节点，有67%的概率生成2个二级节点。

同时，一级道路有29%的概率生成5-6个二级节点，有43%的概率生成2-4个二级节点，有28%的概率生成1个二级节点。

9.2.2　规律总结

1. 中轴线的走向

统计中轴线距最近街道的距离，以5m作为分界。距离街道≤5m的房屋中轴线定义为临街中轴线，距离街道＞5m的房屋中轴线定义为非临街中轴线。

临街中轴线：69%与街道垂直，26%与街道平行，5%呈其他角度。

非临街中轴线：46%为南北走向，41%为东西走向，13%呈其他角度。

2. 每个类别的数量

将所有轴线类型分为三部分：合院中轴线为17%，一般建筑中轴线为80%，公共建筑中轴线为3%。

在17%的合院中轴线中，包含32%的三合院，68%的四合院。此外，还按合院轴线的组成形式，对每一种合院的类别进行了细分。

9.3 田野考察：桃花坞

9.3.1 桃花坞街道

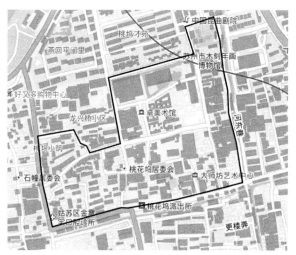

桃花坞街道范围

地点：

江苏省苏州市姑苏区桃花坞街道

占地面积：22.6万m²

概况：

桃花坞地处姑苏区南部，位于桃花坞大街北侧的街区。以居民区为主，包含历史古迹唐寅祠与唐寅故居。

桃花坞社区位于城市建成区内，没有农业户口和农业用地，由街道办事处、居委会城镇管理，撤销了乡、村行政建制。

9.3.2 道路与场地环境

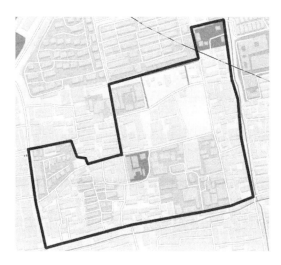

场地内的一级道路平均宽度为11m。二级道路的宽度在4-8m。三级道路的宽度在2-3m。

水体方面，场地内没有面积较大的湖泊，也没有穿场地而过的河流，场地的东侧和南侧分别有两条由护城河分流出来的支流，河道宽度在6-14m。

场地内绿地较少，历史古迹唐寅祠内有一处绿地，场地东北角的广场处也有一处绿地。

地势低平，无明显的高差，自西向东缓慢倾斜。

道路与场地环境

9.3.3 住宅

住宅分布图

2室2厅81.4m²

2室1厅47.5m²

2室1厅65.09m²

户型a

户型b

户型c

根据各户型占比，得出住宅的平均面积为64.3m²。

9.3.4 公共建筑

9.3.5 商铺

单个商铺的尺寸范围:
40-150m²

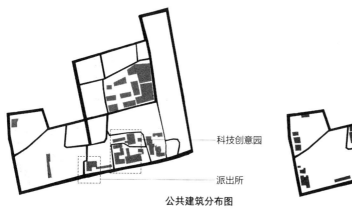

············ 科技创意园

············ 派出所

公共建筑分布图

商铺分布图

9.3.6 历史建筑及历史文化街区

9.3.7 总图

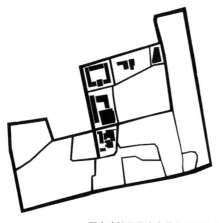

历史建筑及历史文化街区分布图

总图

房屋住宅

商铺

公共建筑

历史建筑及历史文化街区

9.3.8 建筑现状情况

桃花坞户籍人口6.13万人，登记在册的暂住人口1.3万人。

住宅区的房屋多为平房，还有少量楼房。住宅的层高控制在3层以下，檐口高度不超过9m，建筑高度最高不超过12m。公共服务设施及其他建筑檐口高度不超过12m，建筑高度最高不超过15m。水巷两岸建筑檐口高度控制在3-6m。

住宅区内的房屋分布比较密集，单栋房屋的占地面积在50-140m²之间。

工业区内厂房的占地面积在1200-2000m²之间。

商业区内的建筑受功能影响，形成不同的尺度大小。

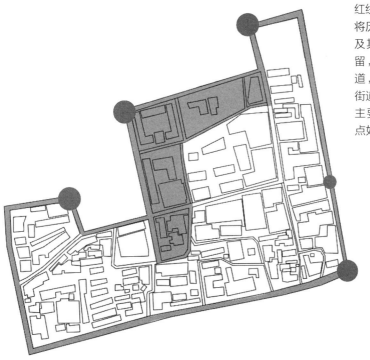

红线内的保留区域：
将历史建筑（3.1万m²）及其周围的街道部分保留，同时将沿河道的街道，与相邻街区连接的街道部分也进行保留。
主要机动车道路的连接点如左图所示。

主要机动车道路连接点

数字生形

1. 桃花坞社区现状分析

现有人口数量

常住人口	流动人口
2137人	763人

2017-2022年人口增长率 / 2027年人口预测

常住人口	流动人口	常住人口	流动人口
2.71%	1.83%	2279人	780人

常住人口	回迁比例	新住户	人口密度
830户	2.29%	26户	9713人/km²

总占地面积	总建筑面积
22.6万m²	38.43万m²

住宅面积	商业面积	公共建筑面积
4.8万m²	1.9万m²	2.3万m²
53%	21%	26%

容积率	建筑密度	建筑层数	绿地率
1.7	40%	1-5	32%

建筑高度

住宅	商铺	公共建筑
不超过9m	不超过12m	不超过15m
（3层以下）	（4层以下）	

2. 后海相关数据

总占地面积	总建筑面积
86.7万m²	47.6万m²

住宅面积
32万m²
69%

商业面积
5.76万m²
11%

公共建筑面积
9.9万m²
20%

容积率
2.0

建筑密度
55%

建筑层数
1-6

绿地率
30%

建筑的平均尺寸：

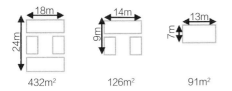

432m²　　　　126m²　　　　91m²

9.3.9　改造后的相关数据

结合后海的人口比例与建筑尺度，按69%住宅面积，11%商业面积，20%公共建筑面积的比例，确定桃花坞社区各分区的面积。改造后的建筑密度，取后海的建筑密度55%。

明确桃花坞村更新设计的技术经济指标

总占地面积
18.6万m²

总建筑面积
31.62万m²

回迁面积
0.2万m²

住宅面积
7万m²

商业面积
1.1万m²

公共建筑面积
2.1万m²

容积率
1.7

建筑密度
55%

绿地率
32%

建筑层数

住宅
不超过9m
（1-2层）

商业
（1层）

公共建筑
（1层）

9.3.10 建筑的平均尺寸

1.住宅

2.公共建筑

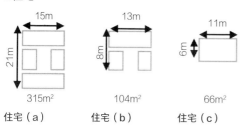

住宅（a）   315m²

住宅（b）   104m²

住宅（c）   66m²

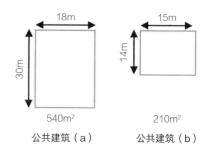

公共建筑（a）   540m²

公共建筑（b）   210m²

3.商业建筑

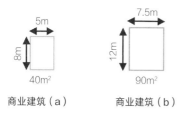

商业建筑（a）   40m²

商业建筑（b）   90m²

9.4 算法

9.4.1 生成一、二级道路

1.场地中的一级道路已经作为初始条件保留，无须重新规划。

2.按后海规则推导桃花坞村尺度。

根据之前在后海中得出的规则（一级道路生成节点的范围在200-800m之间，二级道路生成节点的范围在80-600m之间），按比例换算至桃花坞村的尺度范围（一级道路生成节点的范围在50-200m之间，二级道路生成节点的范围在20-150m之间）。

首先生成一级道路上的一级节点。将一级节点连接后生成二级道路，再生成二级道路上的节点与其连接而成的道路。

一级道路   生成道路（a）   生成道路（b）   生成道路（c）

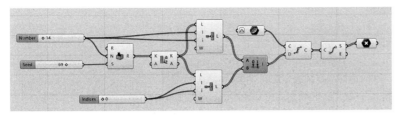

Grasshopper算法图

9.4.2 生成首层房屋

1.在沿街（一、二级道路）±5m的距离生成第一层沿街中轴线。

根据在任务书中得出的桃花坞房屋平均尺寸，将中轴线之间距离的区间定在8-20m之间，长度在6-21m之间。角度按之前得到的比例规则分布。

其中，若两条道路之间的距离≤50m，则以一级道路为准，生成根据一级道路的走向形成的房屋中轴线，忽略与一级道路的距离≤50m的该条二级道路。

生成首层房屋中轴线

2.生成剩余房屋中轴线，提取合院中轴线。

将所有街区分为不包含合院的街区（占比52%）、包含合院的街区（占比48%），选择包含合院的街区，提取合院中轴线。

若中轴线长度在7-21m之间，则定义为四合院中轴线。若中轴线长度在5-8m之间，则定义为三合院中轴线。两种合院中轴线在总中轴线中占比为17%。

生成剩余房屋中轴线

3.根据中轴线生成房屋。

将中轴线的长度作为所生成房屋的一组对边的长度，与之垂直的另一组对边则通过程序随机生成。
随机生成的另一组对边的长度区间在6-30m之间。
房屋之间的间距≥1.5m，房屋与一级道路之间的间距≥2.5m。
按任务书中各个功能分区的比例，将所有房屋划分为住宅、商业、公共建筑。
其中，商业区域在沿街中轴线生成的房屋中选择；公共建筑在房屋面积≥210m²的房屋中选择。

生成房屋

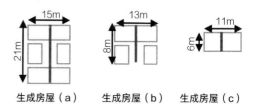

生成房屋（a）　　生成房屋（b）　　生成房屋（c）

生成房屋的高度

4.生成房屋的高度。

通过随机值生成房屋的一层高度。
其中：住宅区高度为3m；
　　　商铺高度在3-5m之间；
　　　公共建筑高度在3-6m之间。

5. 通过元胞自动机的（1，3，4）规则，建立11×6的网格。借助元胞自动机形成住宅区建筑的纵向生长。

提取所有合院的中轴线，根据中轴线，在格点上的对应位置描点，生形成step0的底图。
根据任务书，住宅区的层数要求为两层。因此在step0的基础上迭代两次，生成经过元胞自动机优化后的两层住宅区。

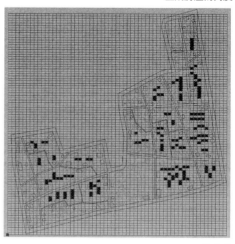

元胞生成

9.5 初始设计（多方案比较）

9.5.1 方案一

使合院中轴线在地块内随机分布。

该方案形成的住宅区多为连在一起，没有比较清晰的区块。且生成的体块大多分布在靠近街道的无效区域，将无效区域的体块删除后，会造成住宅区面积不足的情况。

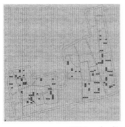 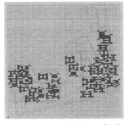 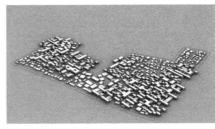

方案一（a）　　　　　　方案一（b）　　　　　　　　　　方案一（c）

9.5.2 方案二

使合院中轴线在地块内不沿街的区域随机分布。

该方案形成的住宅区相较上一个方案来说，有比较清晰的区块。有效区域内的住宅区面积可以符合任务书要求。

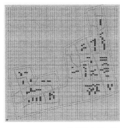  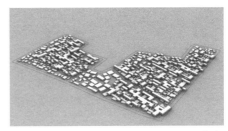

方案二（a）　　　　　　方案二（b）　　　　　　　　　　方案二（c）

最终选择方案二作为最后的设计方案。根据合院的中轴线分布，描点生成底图。

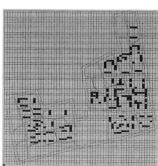

经过一次迭代生成的方案

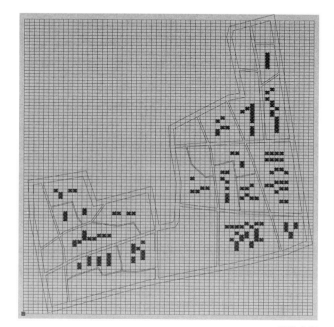

设计方案

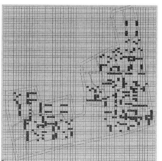

经过二次迭代生成的方案

9.6　涌现与模式

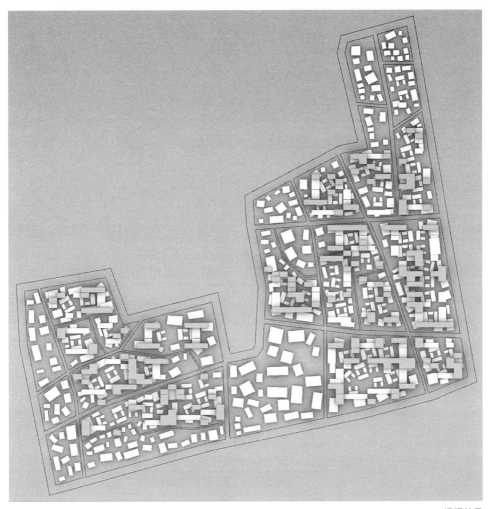

涌现结果

将第一次、第二次迭代形成的体块作为优化后的附加住宅区，把它们与原体块叠加。

由于迭代后的体块与原建筑体块有部分重叠，因此按如下原则对迭代后的体块进行让步处理。

首先删去所有与道路之间的距离≤5m的体块。

对于第一次迭代形成的一层体块，若体块与原建筑重叠的部分超过30%，则删去体块；反之则保留体块，将该体块与原建筑合并，合并后的建筑继承原本的建筑类别。

对于第二次迭代形成的二层体块，若体块遮挡住合院的庭院部分，则将体块删除。

9.7 基本原型设计

9.7.1 四合院

商业

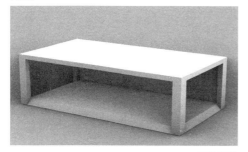

商业单体

9.7.2 三合院

住宅

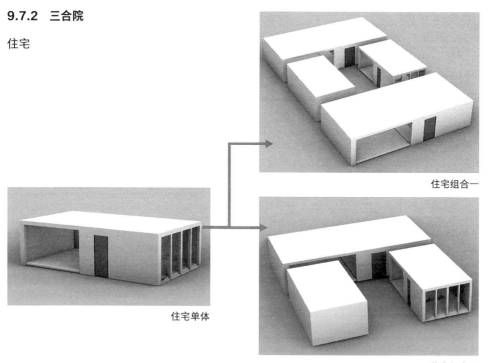

住宅单体

住宅组合一

住宅组合二

9.8 方案

1.总平面图

总平面图

2.功能分区

商业区
住宅区
公共建筑区

功能分区

3.道路图

快速路
主干道
次干道
支路

道路图

4.街坊图

街坊图

5.鸟瞰图

鸟瞰图

6.效果图

效果图（a）

效果图（b）

参与同学名单

参与同学表

章节	参与同学
2.朝向/算法生形高庙村	王世萍、李可欣
3.视线/算法生形云谷村	陈逾、李小宁
4.街坊/算法生形宋刘村	李明、刘鑫博
5.围合/算法生形金盏乡村	王旭、韩潮阳
6.开间/算法生形西大村	王佳欣、代家毓
7.间距/算法生形沈巷村	王雅璐、杨雯璐
8.入口/算法生形唐家墩村	杨惠清、刘康
9.中轴线/算法生形桃花坞	潘新、李梦琦

图书在版编目（CIP）数据

数字生形 = DIGITAL GENERATE OF URBAN FORM / 车飞，黄骁洋，陈逾编著 . -- 北京：中国建筑工业出版社，2024. 10. -- ISBN 978-7-112-30335-9

Ⅰ. TU2-39

中国国家版本馆 CIP 数据核字第 2024PE7312 号

责任编辑：何　楠
责任校对：王　烨

数字生形
DIGITAL GENERATE OF URBAN FORM
车　飞　黄骁洋　陈　逾　编著

*

中国建筑工业出版社出版、发行（北京海淀三里河路 9 号）
各地新华书店、建筑书店经销
北京雅盈中佳图文设计公司制版
建工社（河北）印刷有限公司印刷

*

开本：889 毫米 × 1194 毫米　1/24　印张：9²/₃　字数：292 千字
2025 年 3 月第一版　2025 年 3 月第一次印刷
定价：**59.00** 元
ISBN 978-7-112-30335-9
（43658）